Ergänzende Unterlagen zum Buch bieten wir Ihnen unter **www.schaeffer-poeschel.de/webcode** zum Download an.
Für den Zugriff auf die Daten verwenden Sie bitte Ihre E-Mail-Adresse und Ihren persönlichen Webcode. Bitte achten Sie bei der Eingabe des Webcodes auf eine korrekte Groß- und Klein-schreibung.

Ihr persönlicher Webcode: 3074-bgj83

SCHÄFFER
POESCHEL

Richtiges und gutes Projektmanagement

von Prof. Dr. Fredmund Malik

Praktisch alle Organisationen – sowohl im For-Profit als auch im Non-Profit Bereich – arbeiten heute mit Projekten. Mit dieser Entwicklung stellen sich zwei Fragen. Erstens: Wo braucht man Projektmanagement? Aufgrund der Inflation des Begriffes »Projekt« schlage ich vor, sehr sparsam mit diesem Wort umzugehen. Vor allem zeigt sich in der Praxis, dass die meisten laufenden Projekte gar keine Projekte sind, sondern anspruchsvolle Linienaufgaben. Zweitens: Wenn ein echtes Projekt vorliegt, wie muss man es starten, planen, umsetzen und abschließen? In diesem Buch geht es um das Handwerkszeug für richtiges und gutes Projektmanagement, das sich in der Praxis bewährt hat und frei ist von akademischen oder modischen Floskeln.

Richtiges Projektmanagement orientiert sich am Nutzen für Projektkunden. Frei nach Peter Drucker geht es darum, dass der Kunde vom Projektstart bis Projektende im Zentrum der Anstrengungen steht und von dort nicht mehr verschwinden kann. Warum betone ich das? Seit nunmehr fast drei Jahrzehnten höre ich von Managern, dass viel Energie, Kraft und Zeit in Projekte investiert wird, ohne konkreten Nutzen zu stiften. Businesspläne, Mittelfristplanungen und Zielvereinbarungen sind voll von Projekten, die Erfolgsquote nimmt sich dagegen sehr bescheiden aus. Die einzige und beste Rechtfertigung für ein Projekt ist der nachvollziehbare Nutzen für einen Kunden.

Gutes Projektmanagement zeichnet sich durch eine glasklare Methodik aus. Gerade weil in einem Projekt auf Zeit und nicht in Linien gearbeitet wird, darf nichts dem Zufall überlassen werden. Über den Erfolg eines Projektes entscheiden ein wasserdichter Projektplan, konsequente Umsetzungsorientierung und Disziplin. So banal wie altmodisch klingende Dinge wie Tagesordnung, Protokoll und Maßnahmenlisten sind viel wichtiger als moderne Psychotrends, Esoterisierung oder gruppendynamische Spielereien. Zudem werden Kreativität oder Führungsstil in der »Projektmanagement-Szene« für viel zu wichtig erachtet. Die wirklich wesentlichen Dinge sind erstaunlich selten zu finden. Auch gibt es mittlerweile eine Vielzahl hochkomplizierter Visualisierungs- und Planungstools für Projekte. In den meisten Fällen sind solche »schweren Geschütze« aber nicht notwendig. Es genügt, sich auf den Kern guter Projektarbeit zu konzentrieren. Gerade das ist das Ziel des vorliegenden Buches.

Das Buch von Roman Stöger ist für die Anwendung in der Praxis geschrieben. Gleichzeitig hat es eine solide Management-Grundlage. Zweck des Buches ist die Führung von und in Projekten. Es wendet sich an Projektleiter, Projektauftraggeber und generell an Führungskräfte von Organisationen, die Projekte zu bewältigen haben. Planung, Umsetzung und Steuerung sind die zentralen Themen. Das Buch ist einfach aufgebaut und klar geschrieben. Projektphasen und Werkzeuge

werden anhand konkreter Beispiele aus den unterschiedlichsten Branchen dargestellt. Diese Beispiele zeigen, dass es nur eine Art von Projektmanagement gibt,
nämlich richtiges und gutes.

Projektmanagement ist keine Kunst und keine Wissenschaft. Es gibt keine Geheimnisse im Projektmanagement – die Prinzipien und Vorgehensweisen sind relativ einfach. Was man eher selten findet, ist gute Praxis im Projektmanagement. Das Buch
zeigt, wie es gemacht wird. Darum ist es wichtig, darum ist es notwendig.

Vorwort zur dritten Auflage

Richtiges und gutes Projektmanagement ist ein Dauerthema. Es ist aber auch angesichts der Krise in den Hintergrund geraten. Gerade deshalb ist es wieder Zeit für die handwerklichen Führungsthemen: Jede durch die Veränderungen auf den Märkten und in der Gesellschaft hervorgerufene Neuausrichtung wird ohne professionelles Projektmanagement nicht oder mit nur viel höherem Aufwand realisierbar sein. Projektmanagement ist ein »Hebelthema«. Unmittelbar führt es zu einer schnelleren und gezielteren Umsetzung von Schlüsselthemen, gerade weil die bisher gültigen Strukturen nicht gelten. Es entlastet und ergänzt unsere herkömmlichen Organisationsformen, sowohl die Aufbauorganisation, als auch die Prozesse. Damit leistet es nicht nur einen Beitrag für die Strategie, sondern auch für die Produktivität: Kein Kostenprogramm und keine Umstrukturierung kann heute ohne Berücksichtigung des Projektmanagements auskommen. Dies bedeutet auch, dass es zu einem Managementwerkzeug geworden ist, ohne das praktisch keine Führungskraft mehr wirksam wird. In vielen Unternehmen ist es bereits üblich geworden, dass nicht der beste Experte oder der hierarchisch höchstdekorierte Manager ein Projekt leitet, sondern die Person, die am besten Projekte führen kann. Aus diesem Grund ist Projektmanagement ein klares Zeichen einer Unternehmenskultur der Leistung und der Resultate.

»Wirksames Projektmanagement« geht innerhalb kurzer Zeit in die dritte Auflage. Dies ist ein Zeichen der großen Relevanz des Themas und der großen Nachfrage an praxisorientierter Führungsliteratur. In dieser Auflage sind einige Kapitel umstruktuiert und ergänzt worden, ohne allerdings den roten Faden zu verlassen. Neu aufgenommen wurden ein Abkürzungsverzeichnis und ein Wörterbuch des Projektmanagements, in dem die wichtigsten Begriffe und Konzepte nachgeschlagen werden können.

Nach wie vor gilt der Grundsatz »Danken Sie Gott, wenn Sie keine Projekte machen müssen«. Dieses Zitat löst regelmäßig Erstaunen bzw. Schmunzeln aus. Natürlich ist der Spruch nicht polemisch gemeint, sondern verweist auf zwei alte Management-Weisheiten. Erstens: Projekte sind nur dann notwendig, wenn wichtige Themen in den bestehenden Strukturen steckenbleiben und nicht weiterkommen. Wenn etwas Neues und Entscheidendes in der Linie umgesetzt werden kann, ist dies per definitionem kein Projekt. Zweitens: Wenn schon ein Projekt vorliegt, dann ist bestes Projektmanagement erforderlich, damit Ergebnisse erreicht werden können. Dies ist der Zweck des Buches.

Roman Stöger

Vorwort zur ersten Auflage

Das vorliegende Buch ist eine Sammlung von Projektmanagement-Artikeln, Beiträgen und Referaten, die in den letzten zehn Jahren für Beratungsmandate, Seminare und Zeitschriften erschienen sind. Als kompakte und überarbeitete Zusammenfassung liegen diese Beiträge hier zum ersten Mal vor. Dieses Buch will all diejenigen unterstützen, die Projekte leiten oder in Projekten mitarbeiten.

Es gibt nur wenige Organisationen, die ohne Projektmanagement auskommen. Auch stehen heute viel mehr Menschen vor der Aufgabe, Projekte leiten zu müssen, als dies noch vor zehn oder zwanzig Jahren der Fall war. Dies betrifft nicht nur die kommerzielle Wirtschaft, sondern auch alle Arten von Non-Profit-Organisationen im Sozial-, Bildungs-, Umwelt- oder Kulturbereich. Ein weit verbreitetes Missverständnis liegt vor, wenn behauptet wird, dass Management – und insbesondere Projektmanagement – eine Angelegenheit der Wirtschaft ist. Viele Menschen setzen sogar Wirtschaft mit Management gleich. Diese Perspektive ist viel zu eng, zumindest wenn man »Management« umfassender sieht: als wirksames Arbeiten zur Erzielung von Resultaten. Dies gilt für jede Art von Tätigkeit und für jede Organisation.

Projektmanagement an sich ist eine einfache Sache. Es braucht keine herausragenden intellektuellen Fähigkeiten oder besondere Talente. Die Grundprinzipien und Vorgehensweisen des Projektmanagements sind bewährt und können für alle Arten von Projekten angewendet werden – egal wie groß oder kompliziert diese Projekte sind. Projektmanagement ist keine Wissenschaft, obwohl es sich auf Erkenntnisse und Erfahrungen der Sozial- und Wirtschaftswissenschaften stützt. Richtiges und gutes Projektmanagement setzt eine fundierte Management-Basis und eine entsprechende Projektpraxis voraus.

Was »Management« betrifft, so baue ich großteils auf Peter Drucker und Fredmund Malik. Viel Neues und vor allem viel Besseres gibt es auf diesem Gebiet wahrscheinlich nicht zu sagen. Diese Grundlage hat sich bestens bewährt, weil sie sich auf gesunden Menschenverstand, Umsetzung und Ergebnisse bezieht. Die Anwendungspraxis kommt aus zahlreichen Projekten, die ich vor allem in meiner Consulting-Tätigkeit in St. Gallen durchgeführt habe. Die Quellen hierfür sind Mandate aus Industrie, Banken, Dienstleistungs-Wirtschaft und Non-Profit-Organisationen. Vieles konnte ich auch bei meinen Kollegen aus St. Gallen bzw. bei Kunden beobachten und aufarbeiten. All jenen möchte ich an dieser Stelle herzlich danken.

Es geht in der vorliegenden Schrift nicht darum, ein zeitgeistiges oder »ganz anderes« Projektmanagementbuch zu schreiben. Vielmehr wird das inhaltliche und methodische Rüstzeug für resultatorientiertes Projektmanagement vorgestellt. Insbesondere geht es um folgende Themen:

- Definition von echten Projekten im Unterschied zu herkömmlichen Linienaufgaben,
- Festschreibung der Projektziele und des Projektauftrages,

- nüchternes Analysieren der Ausgangslage und der Herausforderungen,
- professionelle Planung mittels Balkenplan, Funktionendiagramm und Budget,
- richtiges Organisieren des Projektes,
- kompromisslose Umsetzungs- und Resultatorientierung,
- konsequenter Projektabschluss und Projektübergabe und
- Steuerung des Projektes über alle Projektphasen.

Jeder Projektleiter muss diese Dinge beherrschen, wenn im Projekt Ergebnisse erreicht werden sollen. Als Unterstützung sind daher Werkzeuge als Kopiervorlagen beigegeben. Zahlreiche anonymisierte Beispiele aus der Consulting-Praxis runden die Themen ab. Die Kapitel bauen chronologisch im Sinn des Projektvorgehens aufeinander auf. Für den schnellen Gebrauch können die Inhalte aber unabhängig voneinander studiert und angewendet werden.

In der Realität zeigt sich, dass man jedes Projekt managen muss, wenn es Wirkung erzielen soll. Es geht um Ziele, Beauftragung, Analyse, Planung, Umsetzung und Steuerung. Ob man das alles unter »Projektmanagement« zusammenfassen will oder nicht, ist zweitrangig. Wichtig ist, dass es getan wird. Gutes Projektmanagement bedeutet wirksames Hinarbeiten auf Resultate. Ein so verstandenes Projektmanagement kann von jedem in hohem Maße erlernt werden und ist universell einsetzbar. Für diesen Zweck ist das Buch geschrieben.

Roman Stöger

Inhaltsverzeichnis

Verzeichnis der Abkürzungen

AGB	Allgemeine Geschäftsbedingungen
AKV	Aufgaben, Kompetenzen, Verantwortlichkeiten
ASU	Arbeitsgemeinschaft selbständiger Unternehmer
AVOR	Arbeitsvorbereitung
BDI	Bundesverband der deutschen Industrie
BIP	Bruttoinlandsprodukt
BPR	business process reengineering
BR	Betriebsrat
BSC	balanced scorecard
BSP	Bruttosozialprodukt
BVW	betriebliches Vorschlagswesen
bzgl.	bezüglich
bzw.	beziehungsweise
CAD	computer aided design
CAx	Abkürzung für CA-Techniken bzw. CA-Methoden
CF	cash flow
c.p.	ceteris paribus
CPM	critical path method
CRM	customer relationship management
DB	Deckungsbeitrag
DIN	deutsche Industrienorm
DLZ	Durchlaufzeit
DV	Datenverarbeitung
EBA	Entscheidungsbaum-Analyse
EBIT	earnings before interest and taxes
ERP	enterprise resource planning
et al.	et alii
EVE	ergebnisverantwortliche Einheit
FdZ/FmZ	Führen durch Ziele/Führen mit Zielen
f.	folgende
ff	fortfolgende
FMEA	Fehler-Möglichkeiten- und -Einfluss-Analyse
four P`s	vier P`s des Marketing (Marketing-Mix): product, price, promotion, place
F&E	Forschung & Entwicklung
ggf.	gegebenenfalls
GL	Geschäftsleitung
Hrsg.	Herausgeber
HRM	human resource management
Ifo	ifo Institut für Wirschaftsforschung

IHK	Industrie- und Handelskammer
inkl.	inklusive
ISO	industrial standard organization
IT	Informationstechnologie
JIT	just in time
KMU	klein- bzw. mittelständisches Unternehmen
KVP	kontinuierlicher Verbesserungsprozess
ltd.	limited
M&A	mergers and acquisitions
MbO	management by objectives
Mio	Millionen
MIS	Management Informationssystem
Mrd	Milliarden
NPO	Non-Profit-Organisation
OEM	only equipment manufacturer
p.a.	per annum
PDM	product data management
PL	Projektleiter
POS	point of sale
PR	public relations
QFD	quality function deployment
QM	Qualitätsmanagement
R&D	research and development
ROI	return on investment
ROS	return on sales
SCM	supply chain management
SE	simultaneous engineering
SGF	strategisches Geschäftsfeld
SIV	Soll-Ist-Vergleich
SMART	spezifisch, messbar, ableitbar (aktiv beeinflussbar), realistisch, terminiert
SWOT	strenghts, weaknesses, opportunities, threats
TQC	total quality control
TQM	total quality management
USP	unique selling proposition
v. a.	vor allem
vgl.	vergleiche
www	world-wide-web
z.B.	zum Beispiel
ZDF	Zahlen, Daten, Fakten

Verzeichnis der Werkzeuge

Verzeichnis der Beispiele

Angaben zum Autor

Dr. Roman Stöger ist Associate Partner und Leiter der Expert Group Strategie am Malik Management Zentrum St. Gallen. An der Universität St. Gallen ist er als Dozent und in einem Unternehmen als Beirat tätig. Zu seinen Beratungsmandaten gehören Unternehmen aus Industrie, Banken, Handel und NPO aller Unternehmensgrößen. Er hat in den letzten Jahren zahlreiche Artikel und Studien zu den Themen Strategie, Prozesse, Organisation und Führung verfasst (Harvard Business Manager, Zeitschrift für Führung und Organisation, absatzwirtschaft, OrganisationsEntwicklung, gdi-Impuls...). Im Schäffer-Poeschel-Verlag erschienen bisher mehrfach ausgezeichnete und aufgelegte Bücher zu den Themen: Strategie, Prozessmanagement, Projektmanagement und Non Profit Organisationen. Roman Stöger ist verheiratet und hat zwei Kinder.

für Elisabeth, Maria und Johannes

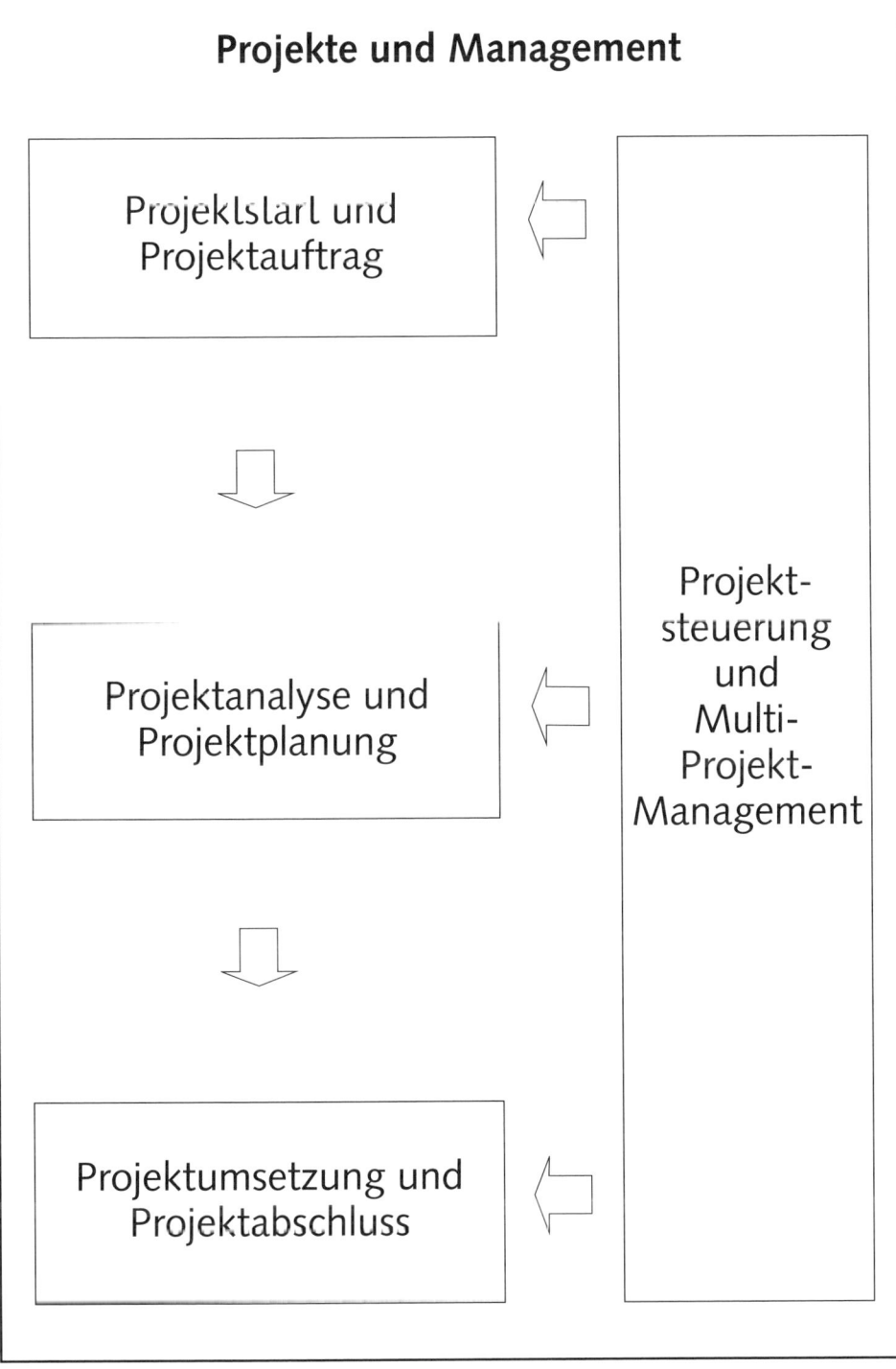

1 Projekte und Management

1.1 Definition von Projekten

Das Wort »Projekt« ist heute in der Arbeits- und Führungswelt zu einem Modewort geworden. Viele Organisationen glauben, nicht mehr ohne Projekte auskommen zu können. Was aber ist ein Projekt? Und wodurch unterscheidet sich ein Projekt von Routinetätigkeiten und Linien-Jobs? Gerade bei der aktuellen Inflation des Begriffes »Projekt« lohnt es sich, dessen Kern herauszuarbeiten[1]. Nicht selten entsteht der Eindruck, das Arbeitsleben besteht nur mehr aus Projekten. Was ist also typisch an Projekten? Wo liegen die Unterschiede zu *Linienaufgaben* und Routinetätigkeiten? In der einschlägigen Literatur und in der Praxis kursieren viele Begriffsbestimmungen. Die DIN 69901 definiert wie folgt:

»Ein Projekt ist ein Vorhaben, das im Wesentlichen durch die Einmaligkeit der Bedingungen in ihrer Gesamtheit gekennzeichnet ist, wie z.B.
* Zielvorgabe,
* zeitliche, finanzielle, personelle oder andere Begrenzungen,
* Abgrenzung gegenüber anderen Vorhaben und
* projektspezifische Organisation.«

Eine kurze und griffige *Definition* leitet die Projektarbeit in einem Schweizer Industrieunternehmen. In einem Satz sind die wichtigsten Eckpunkte dargestellt:

»Von einem Projekt sprechen wir dann, wenn mit einem klaren Endtermin und außerhalb der Linienfunktionen mit bestimmten Mitteln ein anspruchsvolles Ziel und damit Nutzen für Kunden verwirklicht wird.«

Diese Definition ist eine gute Basis, um den *Charakter eines Projektes* zu erfassen. Ein Projekt muss mehreren Kriterien genügen. Diese Kriterien können als Checkliste verwendet werden, um zu beurteilen, ob ein echtes Projekt vorliegt. Erst dann kann eine spezifische Projektmethodik aufgesetzt und ein Projekt gestartet werden.
Kriterium 1 – konkrete Zielsetzung,
Kriterium 2 – Kundenorientierung,
Kriterium 3 – zeitlicher Anfang und Abschluss,
Kriterium 4 – Methodik,
Kriterium 5 – Teilschritte/Maßnahmen,
Kriterium 6 – Beteiligte,
Kriterium 7 – Kosten,
Kriterium 8 – Herausforderung,
Kriterium 9 – Ziele und Aufgaben außerhalb der Linie.

Kriterium 1 – konkrete Zielsetzung. »Warum wird das Projekt durchgeführt?« In jedem Projekt muss zunächst begründet sein, warum es gestartet werden soll. Es geht um die Idee, die grundlegende Absicht des Projektes. Das ist nicht so selbstverständlich, wie es klingt. Viel zu oft wird darauf losgearbeitet, ohne dass eine gründlich durchdachte und konkrete Zielsetzung vorliegt. Wo immer möglich sind Projekte aus einer bestehenden Strategie abzuleiten, weil nur so sichergestellt ist, dass Zielsetzung und langfristige Orientierung zusammenpassen.

Kriterium 2 – Kundenorientierung. »Wer ist der Kunde des Projektes?« Die konkrete Zielsetzung verweist üblicherweise auf einen Nutznießer des Projektes. Ohne Kundenbezug liegt kein Projekt vor. Der erste und wichtigste Auftrag an Projektleiter und Projektteam lautet, den Kunden zu definieren und dafür zu sorgen, dass sich der Kunde in das Projekt einbringen kann. Über die Qualität des Projektes entscheidet einzig und alleine der Kunde.

Kriterium 3 – zeitlicher Anfang und Abschluss. »Wann beginnen wir?«, »Wann muss das Projekt zu Ende sein?« Gerade bei den Terminen liegt ein wesentliches Merkmal eines Projektes. Durch ein vorgängig festgelegtes zeitliches Ende unterscheidet sich ein Projekt von Linien- bzw. Routinetätigkeiten.

Kriterium 4 – Methodik. »Wie werden die Ziele erreicht?« Ein Projekt ist zeitlich begrenzt und verfolgt Ziele, die einen Kundennutzen stiften. Gerade dadurch muss der Methodik genügend Aufmerksamkeit geschenkt werden. Folgende Fragen sind in diesem Zusammenhang zu beantworten: Können geradewegs die Resultate erreicht werden? Wie kompliziert und vernetzt ist das Projekt?

Kriterium 5 – Teilschritte/Maßnahmen. »Wie wird im Einzelnen vorgegangen?« In Projekten gibt es normalerweise keine Organisationen, Richtlinien und Routinen, auf die zurückgegriffen werden kann. Darum müssen die einzelnen Schritte zur Erreichung des Zieles mit Datum und Verantwortlichen festgeschrieben sein. Es geht um die einfachen, aber umso wirksameren Aufgabenschritte und Aufgabenlisten (»Wer macht was bis wann?«). Gerade an dieser Stelle wird die Verbindlichkeit von Projekten klar.

Kriterium 6 – Beteiligte. »Wer arbeitet mit?«, »Auf wen muss zurückgegriffen werden?« Die Beteiligten in Projekten haben unterschiedliche Aufgaben und arbeiten mit unterschiedlicher Intensität – je nachdem, ob es sich um Auftraggeber, Projektleiter, Projektmitarbeiter handelt oder um freiwillige Mitarbeiter für bestimmte Teilaufgaben (Finanziers, »Multiplikatoren«, Medienleute). Wichtig ist an dieser Stelle, dass alle klare Aufgaben zugeteilt bekommen und die Kompetenzen von Anfang an festgelegt sind.

Kriterium 7 – Kosten. »Wie viel Zeit und Geld darf das Projekt kosten?« Die Kosten sind all das, was eingesetzt wird, um das Projektziel zu erreichen. Neben Geldwerten sind das auch Zeit und andere Ressourcen. Bei der geldmäßigen Planung ist die Kostenschätzung normalerweise ohne großen Aufwand durchzuführen. Beim Faktor Zeit wird die Sache schon schwieriger. Eine grobe Zeitschätzung ist aber die Basis für eine realistische Projektplanung mit allen Teilschritten.

Kriterium 8 – Herausforderung. »Muss sich die Mannschaft ›strecken‹, um das Ziel zu erreichen?« Selbst wenn ein Projekt genau geplant ist, Ziele vorliegen und die Aufgaben verteilt sind, so genügt das noch nicht ganz. Die beste Unterscheidung zwischen einem Projekt und den Routine-Tätigkeiten liegt in der Herausforderung der Arbeit. Nur bei ambitionierten und »sportlichen« Zielen liegt ein echtes Projekt vor.

Kriterium 9 – Ziele und Aufgaben außerhalb der Linie. »Kann ein Ziel innerhalb einer bestehenden Organisation erreicht werden?« Wenn diese Frage bejaht wird, ist keine Notwendigkeit für ein Projekt gegeben. Gerade in sehr großen Organisationen ist es in Mode gekommen, alles und jedes als Projekt zu bezeichnen. De facto liegen aber nur selten echte Projekte vor, weil die meisten Aufgaben innerhalb bestehender organisatorischer Einheiten erledigt werden können. Dabei ist es selbstverständlich, dass der Grad der gegenseitigen Abhängigkeiten und Information zunimmt. Das hat aber noch nichts mit Projektmanagement zu tun, sondern ist Ausdruck typischer Arbeitsteiligkeit in Organisationen. Im Zweifel sollte etwas sparsam mit dem Wort »Projekt« umgegangen werden.

Die aufgezeigten Kriterien stecken den Rahmen ab, ob überhaupt ein Projekt vorliegt. Fehlen einzelne oder gar mehrere Kriterien, kann nicht von einem Projekt gesprochen werden. Sind beispielsweise Kunden unbekannt oder Ziele unklar, so stellt sich die Frage, ob die Arbeit und das Engagement überhaupt Sinn machen. Erst wenn im Großen und Ganzen alle Kriterien[2] vorhanden sind, kann ein Projekt richtig beginnen. Die beiliegenden Beispiele zur Beurteilung eines einzelnen oder mehrerer Projekte dienen zur Illustration, wie mit den Definitionskriterien konkret gearbeitet werden kann.

Beurteilung eines einzelnen Projektes	**Werkzeug**
Checkpunkt	**Beurteilung des Projektes/Maßnahmen**
Kriterium 1: Konkrete Zielsetzung	
Kriterium 2: Kundenorientierung	
Kriterium 3: Zeitlicher Anfang/Abschluss	
Kriterium 4: Methodik	
Kriterium 5: Teilschritte/Maßnahmen	
Kriterium 6: Beteiligte	
Kriterium 7: Kosten	
Kriterium 8: Herausforderung	
Kriterium 9: Ziele und Aufgaben außerhalb der Linien-Organisation	

Beurteilung eines einzelnen Projektes	**Beispiel Automobilzulieferer**

Ein Automobilzulieferer will ein Strategieprojekt starten. Vor dem offiziellen Kick-off wird das Projekt auf seine »Projektfähigkeit« beurteilt.

Checkpunkt	Beurteilung des Projektes/Maßnahmen
Kriterium 1: Konkrete Zielsetzung	• Die Zielsetzungen sind global umschrieben. Die wichtigsten Zielkategorien liegen vor (Marktanteil, Innovationsrate, Produktivität). Es fehlen aber Ziele als Leitplanken für die Strategie. • Maßnahme: Erarbeiten der groben Zielwerte für die wichtigsten Zielkategorien.
Kriterium 2: Kundenorientierung	• Planungsgrundlage des Projekts ist eine Geschäftsfeldgliederung, die auf den Markt gerichtet ist. Konkret werden Instrumente wie Kundennutzen oder Kundenportfolio eingesetzt. • Die wichtigsten Zielgrößen sind letztlich an den Erfolg beim Kunden gebunden.
Kriterium 3: Zeitlicher Anfang/ Abschluss	• Für den Start und für das Ende des Projektes sind klare Termine vorgegeben. • Aufgrund der schwierigen Geschäftslage sind ein rascher Start und ein zügiges Vorgehen im Projekt absolut notwendig.
Kriterium 4: Methodik	• Der Projektleiter hat vor dem Kick-off das gesamte Projekt mit allen Teilschritten auf eine methodische Landkarte gebracht und detailliert durchgeplant (Schritte, Projektteams, kritische Termine, Kosten).
Kriterium 5: Teilschritte/Maßnahmen	• Teilschritte sind definiert. • Alle Projektschritte sind auf die Strategie ausgerichtet (Ziele-Mittel-Maßnahmen).
Kriterium 6: Beteiligte	• Projektleitung, Auftraggeber, Projektmitarbeiter, externe Experten sind definiert. • Kunden sind in den Erarbeitungsprozess integriert.
Kriterium 7: Kosten	• Das Projekt ist bezüglich Zeit und Kosten budgetiert.
Kriterium 8: Herausforderung	• Aufgrund der Geschäftslage und durch den Zeitdruck ist die besondere Herausforderung unterstrichen.
Kriterium 9: Ziele und Aufgaben außerhalb der Linien- Organisation	• Das Projekt kann nur dann Erfolg haben, wenn alle Funktionen und Geschäftsfelder mitarbeiten. • Diese sind in das konkrete Projektvorgehen von Anfang an integriert.

Beurteilung mehrerer Projekte			Werkzeug
Nr.	Projekt	Projektleiter/ Auftraggeber	Beurteilung der Projektidee/ Entscheid

| Beurteilung von mehreren Projekten | | | **Beispiel Lebensmittel-Einzelhandel** |

In einem Unternehmen des LEH wurde auf Basis der Jahreszielplanung eine Fülle von möglichen Projektthemen eingebracht. Nachfolgend ist dargestellt, wie die einzelnen Themen beurteilt worden sind. Dieses Verfahren hat letztendlich zu einer klaren Liste von echten Projekten geführt.

Nr.	Projekt	Projektleiter/ Auftraggeber	Beurteilung der Projektidee/Entscheid
1.	Schärfung der Marke für die Läden	Meier/Müller	• Das Ziel muss noch einmal konkretisiert werden: Was genau ist unter »Schärfung« zu verstehen? • Das Thema ist bei der nächsten Jahreszielplanung zu diskutieren. Entscheid: • Zurückgestellt (ggf. nächstes Jahr wieder prüfen)
2.	Discountbier-Konzept	Hinrichs/Weber	• Dieses Thema wird wie vorgeschlagen umgesetzt. Entscheid: • Umsetzung starten! • Projektgruppen werden nicht eingerichtet. Das Reporting läuft über den Vertrieb. Hinzuzuziehen ist der Leiter Category »Getränke«.
3.	Warengruppen erreichen 18% Marktanteil	Empt/Gerhardt	• Dieses Thema ist viel zu global. Aufgrund der Verschiedenartigkeit der Warengruppen macht eine globale Zahl keinen Sinn. Die Sache muss konkretisiert werden. • Die Category-Leiter sind aufgefordert, für ihre Warengruppen schlüssige Marktanteilsziele zu ermitteln und entsprechende Umsetzungspläne bis zur Vertriebstagung im Juli zu erarbeiten. Entscheid: • Kein Projekt • Das Thema wird durch das Category-Management weitergetrieben (Empt). • Empt berichtet bei der Vertriebstagung im Juni über die Ergebnisse.

Nr.	Projekt	Projektleiter/ Auftraggeber	Beurteilung der Projektidee/Entscheid
4.	Backshop-Rentabilität	Leitner/Eberle	• Das Thema ist noch zu konkretisieren (bzgl. Ressourcen und Umsetzungsplan). Entscheid: • Projekt starten • Monatlicher Bericht in Vertriebsrunde
5.	Käse in Selbstbedienung	Ostermann/ Berger	• Die vorgestellten Ziele sind ambitioniert und nachvollziehbar. • Das Thema wird über den Vertrieb bis Jahresende umgesetzt. Die Berichterstattung über den Umsetzungsfortschritt erfolgt über die bestehenden Vertriebsrunden. Am Ende des Jahres soll bei der Jahrestagung über das Projekt berichtet werden. Entscheid: • Kein Projekt: Thema im Rahmen des Vertriebes umsetzen
6.	»Beste Metzger für die Läden«	Frei/Gerhardt	• Es besteht bereits ein Umsetzungsplan. • Nachdem dieses Thema zum wiederholten Mal diskutiert wird und keine Ergebnisse sichtbar sind, übernimmt der Vertriebsleiter die Umsetzung. Entscheid: • Kein Projekt • Vertriebsleitung setzt das Thema bis Jahresende um und berichtet monatlich im Gruppen-Meeting.
7.	Gemeinsames Vorgehen beim Thema Convenience	Gruber/ Gerhardt	• Diesem Thema wird höchste Priorität eingeräumt. • Es laufen bereits an vielen Stellen Aktivitäten zum Thema »Convenience«, teilweise fehlt aber der Überblick. Entscheid: • Projekt mit höchster Priorität • Projektverantwortung durch die Niederlassungsleitung

Zusätzlich zu den Kriterien für ein Projekt sollen auch Missverständnisse angesprochen werden, die in Praxis und Wissenschaft verbreitet sind und einer wirksamen *Umsetzung* der Projektziele im Wege stehen.

Missverständnis 1:   *Projektmanagement ersetzt Linie.*
Missverständnis 2:   *Viele Projekte sind ein Zeichen von Fortschritt und moderner Unternehmensführung.*
Missverständnis 3:   *Im Projektmanagement ist vor allem Kreativität gefragt.*
Missverständnis 4:   *Projektmanagement benötigt anspruchsvolle Verfahren.*
Missverständnis 5:   *Für Projektmanagement braucht es Spezialisten.*

Missverständnis 1: Projektmanagement ersetzt Linie
In vielen Organisationen wird in Projekten gearbeitet, weil nur so Komplexität und Herausforderungen vom Markt bewältigt werden können. Es ist aber gefährlich, daraus den Schluss zu ziehen, dass Aufbauorganisationen und Hierarchien nicht mehr benötigt werden. Nach wie vor braucht es zeitlich stabile Anordnungswege, Führungsbeziehungen und disziplinarische Unterstellung. Die Herausforderungen liegen darin, dass beides – Projekte und Linie – gut miteinander vereinbar sind und es zu keinen Suboptimierungen kommt.

Missverständnis 2: Viele Projekte sind ein Zeichen von Fortschritt und moderner Unternehmensführung
Die meisten Organisationen sind heute mit zu vielen Projekten konfrontiert – gemessen an ihrer Leistungsfähigkeit. Dieser Befund gilt für alle Branchen und Unternehmensgrößen. Es ist geradezu gefährlich, wenn die Führung einer Organisation projektanfällig ist und aus jedem Thema ein Projekt eröffnet – noch dazu an der Linie vorbei. Die besten Organisationen sind diejenigen, die mit wenigen Projekten auskommen, dafür aber ihre Ressourcen klar auf dieses Projekt bündeln. Nicht ein Maximum, sondern ein *Minimum an Projekten* ist Zeichen von Kompetenz und Verantwortung.

Missverständnis 3: Im Projektmanagement ist vor allem Kreativität gefragt
Viele Menschen sehen in Projekten eine willkommene Abwechslung zum Alltag, in dem primär Kreativität, Spaß, Motivation, Selbstverwirklichung und Emotion zählen. Zielmessung, Feedback und Leistungsbeurteilung werden in diesem Kontext negativ und als altmodisch angesehen. Darüber hinaus wird vergessen, dass Projekte nur einem einzigen Zweck dienen: die Umsetzung zu ermöglichen oder zu beschleunigen. Praktisch alle Organisationen haben keinen Mangel an Kreativität, wohl aber einen Engpass in der Umsetzung. Ausgiebige Kreativitätstechniken zu üben, bringt in diesem Fall nichts. Der Fokus liegt daher klar auf Umsetzung und nicht auf Kreativität und anderen psychologischen Begriffen.

Missverständnis 4: Projektmanagement benötigt anspruchsvolle Verfahren
Viele Führungskräfte glauben, dass ein wichtiges Thema auch anspruchsvolle Methoden zur Steuerung und Lösung benötigt[3]. In der Praxis bedeutet das die Dominanz

von DV-Tools und »schweren Geschützen« über Projektmanagement. Damit einher gehen mangelnde Verständlichkeit der Unterlagen und ein hoher Pflege- bzw. Aktualisierungsaufwand. Die größte Gefahr entsteht, wenn Manager den Führungsprozess an ein Software-Tool delegieren. In den meisten Organisationen und bei fast allen Projekten braucht es keine hochanspruchsvollen Verfahren, sondern kompetente Projektführung.

Missverständnis 5: Für Projektmanagement braucht es Spezialisten
Projektmanagement ist ein Werkzeug, das alle Führungskräfte beherrschen müssen. Nur in Ausnahmefällen, etwa in Entwicklungsabteilungen großer Industrieunternehmen, werden ausgewiesene *Spezialisten* benötigt. Spezialistentum birgt die Gefahr in sich, dass Verantwortung abgeschoben wird und Fachsprache (»Projekt-Chinesisch«) Einzug hält. Führungskräfte müssen dafür sorgen, dass sich Projektmanagement nicht zu einer abgekoppelten Steuerungsinstanz in den Organisationen entwickelt.

Missverständnisse im Projektmanagement	Checkliste
Missverständnis	**Indikator für das jeweilige Missverständnis**
1. Projektmanagement ersetzt Linie.	• Umgehen von Linienfunktionen • Abkoppelung und Suboptimierung der Projekte • »Projektromantik« und Illusion von führungsfreien Organisationen
2. Viele Projekte sind ein Zeichen von Fortschritt und moderner Unternehmensführung.	• Zu viele Projekte – gemessen an Leistungsfähigkeit und Ressourcen der Organisation • Zu viele Projekte an der Linie vorbei • Verzettelung und daher geringe Umsetzungsquote
3. Im Projektmanagement ist vor allem Kreativität gefragt.	• Vernachlässigung der Umsetzung • Betonung von Spaß, Motivation, Emotion, Selbstverwirklichung • Mess-, Feedback-, Beurteilungs- und Leistungsfeindlichkeit
4. Projektmanagement benötigt anspruchsvolle Verfahren.	• Reduktion von Projektmanagement auf DV/komplizierte Methoden • Fehlende Verständlichkeit und hoher Pflege-/Aktualisierungsaufwand • Abkoppelung vom eigentlichen Projekt-Führungsprozess
5. Für Projektmanagement braucht es Spezialisten.	• Abschieben von Verantwortung durch Führungskräfte und Mitarbeiter • Einzug von Fachsprache (»Projekt-Chinesisch«) und Unverständlichkeit • Zunehmende Akademisierung

Die dargestellten Missverständnisse verstellen die Sicht und den Weg für wirksame Projektarbeit. Es liegt in der Verantwortung der Führungskräfte, diese anzusprechen und kritisch auf die eigene Situation zu übertragen[4]. Als Werkzeug kann hierfür beiliegendes *Projektradar* verwendet werden. Entlang der Kriterien lässt sich ein zu startendes oder gerade laufendes Projekt beurteilen. Erfahrungsgemäß stellen sich die als negativ ausgewiesenen Kriterien automatisch ein, wenn die Führung nicht gegensteuert. Demgegenüber ergeben sich die positiven Ausprägungen nur selten automatisch. Sie müssen erarbeitet und durchgehalten werden.

Das Radar kann vor, während und nach einem Projekt eingesetzt werden und dient einerseits der Reflexion in der Projektgruppe, andererseits aber auch der Ableitung von Maßnahmen. Die dargestellten Punkte sind ebenso ein Werkzeug, um die Projektkultur in einer Organisation oder im Projekt selbst zu vergegenwärtigen.

Projektradar			Werkzeug
Nr.	negativ	Profil	positiv
1.	Steuerung durch den Projektleiter		Steuerung durch die Aufgabe bzw. den Kunden
2.	Verantwortung auf vielen Schultern		Verantwortung nur bei einzelnen Personen
3.	Ersetzung der Linie durch Projekte		Sinnvolle Verbindung von Projekt und Linie
4.	Möglichst viele Projekte		Wenige Projekte mit kompromissloser Konzentration
5.	Betonung auf Kreativität		Betonung auf Umsetzung
6.	Psychologisierung (Motivation, Emotion…)		Leistungsorientierung und Bewertung
7.	Fokus: Projekt-Mitarbeiter		Fokus: Projekt-Kunde
8.	Anspruchsvolle, komplizierte DV-Tools		Einfache Instrumente, Fokus auf Führung
9.	Akademisierung, Einzug von Fachsprache		Disziplin zur Verständlichkeit und Klarheit
10.	Dominanz von Spezialisten		Projektmanagement als Werkzeug für alle Führungskräfte
11.	Sehr viele Sitzungen und viel Koordination		Wenige Sitzungen und praktisch keine Koordination
12.	Ständiger Ruf nach Kommunikation		Kommunikation: kein Thema
13.	Projektmanagement als Kunst oder Wissenschaft		Projektmanagement als Handwerk

Projektradar		Beispiel Versicherung

In einer Versicherung werden jährlich die größten Projekte geprüft und für das Gesamtunternehmen ein Projektradar erarbeitet. Dieses bildet die Grundlage der Projektsteuerung und der »Projektpolitik« für das jeweils nächste Jahr. Besonders wichtige Punkte werden in die Zielvereinbarungen übernommen.

Nr.	negativ	Profil	positiv
1.	Steuerung durch den Projektleiter		Steuerung durch die Aufgabe bzw. den Kunden
2.	Verantwortung auf vielen Schultern		Verantwortung nur bei einzelnen Personen
3.	Ersetzung der Linie durch Projekte		Sinnvolle Verbindung von Projekt und Linie
4.	Möglichst viele Projekte		Wenige Projekte mit kompromissloser Konzentration
5.	Betonung auf Kreativität		Betonung auf Umsetzung
6.	Psychologisierung (Motivation, Emotion…)		Leistungsorientierung und Bewertung
7.	Fokus: Projekt-Mitarbeiter		Fokus: Projekt-Kunde
8.	Anspruchsvolle, komplizierte DV-Tools		Einfache Instrumente, Fokus auf Führung
9.	Akademisierung, Einzug von Fachsprache		Disziplin zur Verständlichkeit und Klarheit
10.	Dominanz von Spezialisten		Projektmanagement als Werkzeug für alle Führungskräfte
11.	Sehr viele Sitzungen und viel Koordination		Wenige Sitzungen und praktisch keine Koordination
12.	Ständiger Ruf nach Kommunikation		Kommunikation, kein Thema
13.	Projektmanagement als Kunst oder Wissenschaft		Projektmanagement als Handwerk

1.2   Erfolgsvoraussetzungen im Projektmanagement

Die Grundsätze des Projektmanagements gelten für jede Art von Organisation, jede Branche und jede Unternehmensgröße. Fehlen zentrale Elemente, werden Ergebnisse nicht oder nur mit viel höherem Aufwand erreicht. Es gibt im Projektmanagement keine Geheimnisse. Bei näherer Betrachtung erfolgreich umgesetzter oder auch gescheiterter Projekte lassen sich einige wenige Kriterien feststellen, die entscheidend sind. Diese sogenannten »Erfolgsfaktoren« müssen gesteuert werden, weil nur so die einzige Rechtfertigung eines Projektes begründbar ist, nämlich ein Ergebnis[5]. Die einzelnen Erfolgsvoraussetzungen sind:

1. *Vermittlung der Sinnhaftigkeit des Projektes,*
2. *Verantwortung des Top-Managements,*
3. *Bildung einer Führungskoalition zur Umsetzung des Projektes,*
4. *Anwendung einer klaren Methodik,*
5. *Kompromisslose Resultatorientierung und Spürbarkeit der Veränderung.*

1. Vermittlung der Sinnhaftigkeit des Projektes

In all denjenigen Organisationen, die erfolgreich in Projekten arbeiten, steht Vermittlung der Sinnhaftigkeit des Vorhabens von Anfang an im Zentrum. Nur dann, wenn die Beteiligten und Betroffenen eine Einsicht in die Notwendigkeit und in die Dringlichkeit haben, entsteht ein produktiver »Nährboden« für die Einführung und Umsetzung von Projekten. Dies ist besonders dann relevant, wenn die ersten Probleme auftauchen oder viel von der Mannschaft abverlangt wird. Wenn *Sinn* vorhanden ist, wird all das in Kauf genommen, um das gemeinsame Ziel zu erreichen. Eine wesentliche Voraussetzung liegt darin, dass die angesprochene Sinnhaftigkeit vom Top-Management über alle Führungsstufen kommuniziert und vorgelebt wird. Bewährt hat sich etwa eine saubere und nüchterne Darstellung der Ausgangslage, um eine entsprechende Sensibilisierung herzustellen.

Die frühzeitige Identifizierung und Einbindung der *Meinungsbildner* ist eine weitere wesentliche Voraussetzung, um die informelle Kommunikation in Organisationen im Griff zu haben. Der Einbindungsgedanke ist ein Grundprinzip für alle Phasen des Projektes. Das Motto »die Betroffenen zu Beteiligten machen« gilt uneingeschränkt. Allerdings besteht die noch größere Herausforderung darin, die »Beteiligten zu Betroffenen« zu machen. Das ist im Kern die Vermittlung von Sinn im Projekt.

2. Verantwortung des Top-Managements

Ohne das klare und unzweifelhafte Bekenntnis des *Top-Managements* und aller anderen Führungsstufen ist Projektarbeit im besten Fall akademischer Zeitvertreib. Die Implementierung von Projekten ist mit Veränderungen der Organisation und des Tagesgeschäftes verbunden. Dies führt zu Konflikten und Widerständen. Gerade hier ist es notwendig, dass Projektmanagement seitens der Führung gewollt ist. Sobald Zweifel diesbezüglich auftauchen, wird die Umsetzung gefährdet.

Aufgaben des Top-Managements bei Projekten	Checkliste

1. Vorgabe von strategischen und operativen Leitplanken
2. unzweifelhafte Unterstützung der Projektleitung – vor allem in der Funktion des Auftraggebers
3. Teilnahme an Schlüsselterminen und Gremien (Indikatoren: Verfügbarkeit, Pünktlichkeit, Engagement)
4. frühzeitig begründete Zustimmung oder Ablehnung von wichtigen Entscheidungsvorlagen
5. Freigabe von Mitteln und (partielle) Freistellung von guten Leuten
6. Vertreten einer klaren Meinung, besonders in kritischen Phasen
7. Übernahme der Verantwortung – nach innen und nach außen
8. »hingehen und nachschauen«, ob das Projekt umgesetzt wird

Verantwortung des Top-Managements bedeutet selbstverständlich nicht, dass die Führung bei jedem operativen Arbeitsschritt teilnehmen oder über alles informiert sein muss. Das soll sie deswegen nicht, weil es dafür die Projektverantwortlichen gibt. Das Top-Management einer Organisation muss unzweifelhaft mit all ihrer Autorität hinter dem Projekt stehen[6]. Diese Verantwortung kann sie niemals delegieren.

3. Bildung einer Führungskoalition zur Umsetzung des Projektes

Die Erfahrung zeigt, dass es bei der Implementierung praktisch nie nur auf eine einzelne Person ankommt, sondern auf mehrere Personen aus den unterschiedlichsten hierarchischen Stufen. Das ist mit *Führungskoalition* gemeint. Der Projektleiter und das Top-Management als Auftraggeber müssen sich von Beginn an folgende Frage stellen: »Wie stehen die wichtigsten Leute in der Organisation zu den notwendigen Veränderungen und wer wird im Sinn der Führungskoalition gebraucht?« Die Umsetzung von Projekten hat auch eine interpersonelle Dimension, die selbstverständlich mit *Macht* und Einfluss verbunden ist. Diesbezüglich kann es sinnvoll sein, für das Vorhaben einen Machtpromotor aus der Unternehmensspitze oder seitens der Eigentümer einzusetzen. Spielerwechsel in der Führungskoalition wirken sich nach innen und nach außen meist fatal aus. Daher ist von Anfang an zu beachten, mit welchen Verbündeten die Implementierung vorangetrieben werden soll[7]. Dazu empfiehlt es sich mit beiliegender Checkliste eine Beurteilung der verschiedenen am Projekt interessierten, beteiligten und betroffenen Personen zu machen.

Verhalten gegenüber Veränderungen	Checkliste
Typus	**Verhaltensindikatoren**
1. Aktiver Verbündeter	• Aktives Einbringen von Veränderungen und Neuerungen • Konstruktiv-kritische Auseinandersetzung (keine Blauäugigkeit) mit klarer Übernahme von Verantwortung • Unzweifelhafte Unterstützung nach außen und nach oben • Beisteuern von Kompetenz und Umsetzungsstärke • Großes Vertrauen und sehr hohe Übereinstimmung
2. Eingeschränkter Unterstützer	• Gute Beiträge – aber erst nach Aufforderung • Kein »Herzblut« beim Thema, aber prinzipielle Einsicht in die Notwendigkeit • «nur hundertprozentiger, kein zweihundertprozentiger Einsatz» • Grundsätzlich vorhandenes Vertrauen
3. Gleichgültiger, passiver Mitschwimmer	• Ausgewogenheit von Kritik und konstruktivem Beitrag (insbesondere gegenüber Dritten) • Eingeschränkte Freiwilligkeit und wenig Übernahme von Verantwortung • Verzögerung, Arbeit nach Vorschrift • Permanentes Verweisen auf andere »wichtige Aufgaben« • Akzeptieren nach außen, aber innerliche Überzeugung vom Alten
4. Aktiver »Widerständler«	• Kein Vertrauen und keine Übereinstimmung mit der Notwendigkeit von Veränderung • Bewusstes Hintertreiben des Neuen • Aktives Organisieren von Widerstand • Aufbau von informellen Organisationseinheiten • Ständige Beweisführung zugunsten der alten Zustände

Bei der operativen Umsetzung von Projekten werden die besten Leute gebraucht. Das klingt selbstverständlich, ist es in der Praxis aber nicht. Mit Projekten werden anspruchsvolle Ziele verfolgt. Daher genügt es nicht, Mitarbeiter einzusetzen, die gerade Zeit haben. Von Anfang an müssen die Besten dabei sein. Diese Leute haben die notwendige Glaubwürdigkeit in der Organisation, weil sie ja schon bewiesen haben, dass sie etwas umsetzen können und etwas vom Geschäft verstehen. In kritischen Phasen sind sie besonders wichtig, weil sie nicht beim ersten Gegenwind »von Bord« gehen. Gerade in sehr großen Organisationen und bei komplizierten Projekten empfiehlt es sich, sogenannte »gemischte Teams« einzusetzen, d.h. Mitarbeiter aus unterschiedlichen hierarchischen Stufen, aus unterschiedlichen

Funktionen (Vertrieb, Leistungserstellung, Verwaltung) und aus unterschiedlichen Geschäftseinheiten oder geographischen Regionen. Nur so kann sichergestellt werden, dass *verteiltes Wissen* in die Erarbeitung und in die Umsetzung eingebracht wird.

4. Anwendung einer klaren Methodik

Inhaltliches Wissen über Projekte ist etwas anderes als die methodische Fähigkeit zur Einführung und nachhaltigen Umsetzung von Projekten. Beides muss im Griff sein. Die meisten Führungskräfte konzentrieren sich zu rasch auf die inhaltliche Dimension und unterschätzen den methodischen Aspekt der Umsetzung. Die richtige Methodik soll natürlich keine Spielwiese von Powerpoint-Graphikern sein, sondern sich an der Erarbeitung, der Umsetzung und schließlich an den Resultaten eines Projektes messen lassen. Kompromisse bei der Methodik wirken sich stets negativ auf das Ergebnis aus.

Um bei der *Methodik* nichts dem Zufall zu überlassen, empfiehlt es sich, das gesamte Vorhaben mit all seinen Phasen, Terminen und Personen vorgängig durchzugehen und zu prüfen, wo Engpässe, Konflikte oder Risiken liegen. Auf dieser Grundlage ist dann das Projektmanagement von seiner methodischen Seite aufzusetzen.

Methodik beim Einführen und Umsetzen von Projekten	Checkliste

1. Vorstellung und gemeinsames Verständnis zum Projektablauf mit allen Phasen, Terminen und Akteuren: von der Analyse über die Gestaltung zur Umsetzung,
2. Keine wechselnden Ziele,
3. Gewisses Maß an Formalismus, Einheitlichkeit und Schriftlichkeit (Dokumentation),
4. Konzentration auf wenige Projekte,
5. Wahl der richtigen Flughöhe bei der Analyse, Gestaltung und Umsetzung,
6. Verwendung von Werkzeugen, z.B. Projektauftrag, SWOT, Risikomanagement.

5. Kompromisslose Resultatorientierung und Spürbarkeit der Veränderung

Jeder noch so gute methodische Ansatz und die besten inhaltlichen Aussagen sind nutzlos, wenn sie nicht umgesetzt werden. Die Projekte und deren Implementierung sind am Kunden und an dem von ihm gewünschten *Ergebnis* auszurichten. Wichtig ist, dass jeder Projektschritt in Maßnahmen mit klaren Verantwortlichkeiten bzw. Terminen einmündet und auch in den *Zielvereinbarungen* verankert wird. Die möglichst frühzeitige Einbeziehung der umsetzungsverantwortlichen Mitarbeiter und Führungskräfte ist daher notwendig. Damit das funktioniert, braucht es systematisches Feedback und ein Minimum an Planung, Steuerung und Fortschrittskontrolle. Bewährt hat sich an dieser Stelle auch das Prinzip der systematischen Müllabfuhr. Bei jedem Schritt und in jeder Phase ist zu prüfen, was ab sofort nicht mehr oder mit vermindertem Leistungsniveau gemacht wird. Dadurch werden Ressourcen für die wichtigen Aufgaben frei.

Einführung und Umsetzung[8] von Projekten kann unter Umständen mehrere Monate dauern. Die Gefahr ist groß, dass zwar am Anfang mit viel Elan mitgearbeitet wird, mit der Zeit aber gewisse Verschleiß- oder Müdigkeitserscheinungen auftreten. Die Herausforderung liegt darin, das Projekt vom Start weg sichtbar und spürbar zu machen und nicht bis zum Schluss mit der kompletten Umsetzung zu warten. Wo immer es möglich ist, sind Sofortmaßnahmen und die berühmten »Quick wins« umzusetzen und zu kommunizieren.

Erfolgsfaktoren im Projektmanagement	Checkliste
Erfolgsfaktor	**Indikator**
1. Vermittlung der Sinnhaftigkeit des Projektes	• Vermittlung von Sinn durch das Top-Management • Einbindung der Meinungsbildner • »Beteiligte zu Betroffenen machen« • Kommunikation von Anfang an auf Basis des »Sinns«
2. Verantwortung des Top-Managements	• Auftraggeber für das Projekt • Entscheidungen treffen, verfügbar sein, das Projekt antreiben • Ressourcen freigeben • »hingehen und nachschauen«
3. Bildung einer Führungskoalition zur Umsetzung des Projektes	• Suche und Aktivierung von Verbündeten • Identifikation von Machtpotenzialen und -promotoren für das Projekt • Keine »Spielerwechsel« • Frühzeitige Identifikation von Hindernissen und Risikomanagement
4. Anwendung einer klaren Methodik	• Klarer, transparenter und abgestimmter Prozess mit allen Phasen, Terminen und Personen • Minimum an Formalismus und Schriftlichkeit • Konzentration auf Weniges • Anpassung von Entlohnung, Karrierewegen und Personalentwicklung
5. Kompromisslose Resultatorientierung und Spürbarkeit der Veränderung	• Einbezug der umsetzungsverantwortlichen Führungskräfte und Mitarbeiter • Verankerung der Projektziele in den Zielvereinbarungen • Einbau der Umsetzung in allen Projektphasen • Systematisches Nachhalten durch Umsetzungscontrolling

Fehlen einzelne Elemente dieser Erfolgsfaktoren für die Umsetzung und die Veränderung, so werden die gewünschten Resultate nicht oder nur mit viel höherem Aufwand erreicht. Wie überall beim Thema »Management«, so gibt es auch hier keine Geheimnisse, sondern ein breites Erfahrungsspektrum aus der Praxis.

1.3   Aufgaben für Projektleiter

Erfolgreiche Projekte sind gut geführte Projekte. Es gibt keinen wichtigeren Einflussfaktor für das Gelingen eines Projektes als eine gute *Projektleitung*. In der einschlägigen Literatur und in den meisten Projektmanagement-Seminaren wird aber nur selten gefragt: »Was unterscheidet einen guten von einem schlechten Projektleiter?« »Was kann von den kompetenten Projektleitern gelernt werden?« Wenn es so etwas wie Geheimnisse einer guten Projektleitung gibt, so ist es die Konzentration auf die wesentlichen Aufgaben.

Gerade für die Projektführung ist die Gefahr der Verzettelung sehr groß. Besprechungen sind abzuhalten, Treffen zu organisieren, Pläne zu erarbeiten und umzusetzen, Berichte zu schreiben und vieles mehr. Je vielfältiger die Aufgaben sind, umso größer ist die Wahrscheinlichkeit, dass nichts mehr richtig erledigt werden kann. Zwar wird gearbeitet, aber es liegen keine Ergebnisse vor. Daher bleibt nichts anderes übrig, als sich auf wenige, dafür aber wichtige Aufgaben zu beschränken. Welche sind nun die wirklich entscheidenden *Aufgaben*, die eine Projektleitung wahrnehmen muss[9]?

1. *Für Ziele sorgen,*
2. *Die Aufgaben der Projektmitarbeiter gestalten,*
3. *Organisieren,*
4. *Entscheidungen treffen,*
5. *Kontrollieren und beurteilen.*

1. Für Ziele sorgen

Vor Projektstart liegt normalerweise ein Projektthema oder eine Projektumschreibung vor. In vielen Fällen fehlen aber konkrete *Ziele* und Aufgabenpakete für die Umsetzung. Daher ist die wichtigste und zugleich schwierigste Aufgabe für die Projektleitung das Festlegen der Ziele im Projekt. An der Erreichung dieser Ziele wird alles im Projekt ausgerichtet. Erfahrene Projektleiter klären zu Beginn folgende Punkte:

- Resultat: »Was soll dieses Projekt erreichen?«
- Kunde: »Für wen stiftet das Projekt Nutzen?«
- Feedback: »Was muss am Ende vorliegen, damit überprüft werden kann, ob das Ziel erreicht ist?«

Im Idealfall werden die Ziele und Teilziele mit Projektmitarbeitern besprochen und vereinbart. Das schafft notwendiges Vertrauen und stellt sicher, dass sich alle einbringen können. Es kann aber auch Fälle geben, bei denen die Projektleitung ohne Einvernehmen mit allen Mitarbeitern Ziele festlegen muss (beispielsweise unter Zeitdruck). Unabhängig von der Zielfindungs-Methodik ist das Wichtigste, dass überhaupt Ziele[10] vorliegen.

2. Die Aufgaben der Projektmitarbeiter gestalten

Aus den Projektzielen leiten sich die einzelnen *Aufgaben* ab, die zu erfüllen sind. Der Projektleiter ist für die Verteilung der Aufgaben auf die Projektmitarbeiter verantwortlich. Die Mitarbeiter müssen wissen, was sie zu tun haben, wofür sie verantwortlich sind und welche Ergebnisse vorliegen müssen. Nur dann kann ein sinnvoller Beitrag des Einzelnen für das Projekt geleistet werden.

An die Projektmitarbeiter kann und soll viel delegiert werden. Es ist nicht die Aufgabe der Projektleitung, sich um alles zu kümmern und sich überall einzumischen. Gute Projektleiter zeigen, dass sie den Überblick und die Zusammenhänge im Auge behalten und nicht in der täglichen Kleinarbeit untergehen. Bei der *Delegation* von Aufgaben gibt es allerdings eine Ausnahme: Die in diesem Kapitel beschriebenen Aufgaben der Projektleitung können und dürfen nicht delegiert werden. Nur der Projektleiter ist für die Erfüllung dieser Aufgaben verantwortlich.

3. Organisieren

Wenn Ziele und Aufgaben für das Projekt festgelegt sind, kann das Projekt organisiert werden[11]. Dazu gehören unter anderem:
- Projektpläne und entsprechende Dokumentationen für alle Projektmitarbeiter,
- Aufgabenpakete und Zeitplanung (Balkenplan, Funktionendiagramm),
- Infrastruktur (Projektbüro, Medien).

Die besten Ziele und die engagiertesten Leute nützen nichts, wenn ein Projekt nicht richtig und konsequent organisiert ist. Auch die Reihenfolge ist wichtig. Oft werden in einem ersten Schritt Projekte organisiert und erst später wird die Frage nach den Zielen gestellt. Das ist grundlegend falsch. Zuerst müssen die Ziele geklärt sein und erst dann kann ein Projekt sinnvoll organisiert werden.

4. Entscheidungen treffen

Eine Projektleitung zu übernehmen heißt im Kern, für das Projekt und seine Ergebnisse verantwortlich zu sein. Verantwortung setzt aber voraus, dass auch selbst *Entscheidungen* getroffen werden können. Ist ein Projektleiter für alles verantwortlich ohne entscheiden zu dürfen, liegt ein schwerer Konstruktionsfehler des Projektes vor. Die jeweiligen Auftraggeber des Projektes müssen sicherstellen, dass es ein Gleichgewicht zwischen Aufgaben, Entscheidungskompetenz und Verantwortung gibt. Entscheidungen sind dann besonders relevant, wenn das Projekt gerade einmal nicht so gut läuft wie gewünscht. Genau hier zeigen sich die guten und wirksamen Projektleiter. Sie entscheiden und übernehmen *Verantwortung*. Projektleiter, die sich in solchen Situationen vor Entscheidungen drücken und das Projekt lieber laufen lassen, nehmen ihre Führungsaufgabe nicht wahr.

5. Kontrollieren und beurteilen

Jeder Projektleiter muss für sich selbst, für die Projektmitarbeiter, für Projektkunden und für die Auftraggeber in regelmäßigen Zeitabständen eine Zwischenbilanz ziehen:

- »Wo steht das Projekt (Phase, Umsetzung, Ressourcen, Termine)?«
- »Was läuft gut, wo müssen Verbesserungen eingeleitet werden?«
- »Wie erledigen Projektmitarbeiter und Projektleitung ihre Aufgaben?«
- »Stiftet das Projekt auch einen echten Kundennutzen?«

Eine gründliche *Beurteilung der Lage* und gegebenenfalls das Ergreifen von Korrekturmaßnahmen sind unerlässlich für jeden Projektleiter. An dieser Stelle liegt auch der Kern des Wortes »kontrollieren«. Die wirklich guten Projektleiter stellen sich die Frage, ob sie das Projekt als Ganzes unter Kontrolle haben und steuern können.

Ein wichtiger Teil des *Kontrollierens* und Beurteilens ist die *Mitarbeiterbeurteilung* im Projekt. Mit beiliegendem Beurteilungsbogen kann eine rasche und systematische Beurteilung vorgenommen werden. Insbesondere bei großen Projekten empfiehlt sich eine Beurteilung nicht nur nach, sondern auch während der Projektarbeit.

Mitarbeiterbeurteilung im Projekt	Werkzeug
Projekt und Projektmitarbeiter	
Projekt:	
Projektmitarbeiter:	
Funktion:	
Beurteilung durch:	
Datum der Beurteilung:	
Beurteilung der Resultate	
Auftrag/Aufträge im Projekt:	
Erfüllung des Auftrages/ der Aufträge:	
Zeit- und Budgettreue:	
Maßnahmen nach dem Gespräch:	
Beurteilung der Stärken und des Entwicklungsbedarfs	
Stärken:	
Entwicklungsbedarf:	
Unterschrift Projektleiter	Unterschrift Projektmitarbeiter

Mitarbeiterbeurteilung im Projekt	**Beispiel Sportevent**

In einem Sportevent-Projekt wird ein Mitarbeiter vom Projektleiter nach der ersten Hälfte des Projektes in einem persönlichen Gespräch beurteilt.

Projekt und Projektmitarbeiter

Projekt:	Organisation Landesmeisterschaft XY
Projektmitarbeiter:	A. Währing
Funktion:	Organisation und Führung des Kartenbüros
Beurteilung durch:	K. Obermeier
Datum der Beurteilung:	30.05.

Beurteilung der Resultate

Auftrag/Aufträge im Projekt:	• Schaffung der organisatorischen Voraussetzungen des Kartenbüros (Standort, Infrastruktur…) • Führung der beiden Mitarbeiter im Kartenbüro • Reibungslose Abläufe/Schnittstellen mit dem Vertrieb und mit den Tourismusverbänden
Erfüllung des Auftrages:	• Plangemäße Schaffung der organisatorischen Voraussetzungen • Aufgabenorientierte Führung der Mitarbeiter • Probleme bei Schnittstellen mit Vertrieb und Tourismusverbänden
Zeit- und Budgettreue:	• Ziele wurden erreicht, außer: Schnittstellen zu Vertrieb und Tourismusverbänden
Maßnahmen nach dem Gespräch:	• Sofortige Professionalisierung der Zusammenarbeit mit Vertrieb und insbesondere Tourismusverbänden • Zwischenbericht am 20.06.

Beurteilung der Stärken und des Entwicklungsbedarfs

Stärken:	• Planung, Organisation, systematisches Vorgehen • Führung von Menschen
Entwicklungsbedarf:	• Zusammenarbeit mit anderen Einheiten und Organisationen (Klärung der Erwartungen, gegenseitige Zielsetzungen…)
Unterschrift Projektleiter	Unterschrift Projektmitarbeiter

Gerade bei den Aufgabenstellungen zeigen sich einige Gemeinsamkeiten der guten Projektleiter. Die Erfüllung dieser Aufgaben ist nicht sonderlich spektakulär. Auch erfordern sie kein Genie, keine besondere Kreativität oder angeborene Fähigkeiten. Vielmehr haben die beschriebenen Aufgaben etwas mit konsequenter Umsetzung, Disziplin und Konzentration zu tun. Sie können gelernt werden und gehen schließlich in Erfahrung über[12]. Mit beiliegendem Werkzeug »Aufgaben für Projektleiter« kann ein wirksamer und einfacher (Selbst-)Check gemacht werden.

Die beschriebenen Aufgaben müssen von der Projektleitung wahrgenommen werden. Sie trägt für die Erledigung dieser Aufgaben die uneingeschränkte Verantwortung. Diese Verantwortung kann nicht an Projektmitarbeiter abgegeben werden. Wirksame Projektleiter widmen sich diesen Aufgaben und stellen so ihre *Glaubwürdigkeit* und letztlich den Erfolg von Projekten sicher.

Aufgaben für Projektleiter	Werkzeug
Checkpunkt	**Beurteilung der Aufgaben/Maßnahmen**
1. Ist für Ziele gesorgt?	
2. Sind die Aufgaben der Projektmitarbeiter gestaltet?	
3. Ist das Projekt wirksam organisiert?	
4. Werden Entscheidungen getroffen?	
5. Wird im Projekt kontrolliert und beurteilt?	

| Aufgaben für Projektleiter | **Beispiel Chemie** |

In einem Chemie-Unternehmen wurde die DV-Abteilung mit der Einführung eines flächendeckenden CRM-Systems beauftragt (Customer-Relationship-Management). Viel zu spät hat die Unternehmensleitung die Aufgaben des Projektleiters beurteilt. Folgendes wurde festgestellt:

Checkpunkt	Beurteilung des Projektes
1. Ist für Ziele gesorgt?	• Das Ziel der flächendeckenden Einführung ist mit den Geschäftsbereichen nicht spezifiziert/konkretisiert worden. • Es fehlen die Anforderungen der Benutzer. Der Projektleiter definiert das Projekt lediglich im Sinn der Bereitstellung einer CRM-Plattform. Ob und wie damit gearbeitet wird, erscheint nicht im Projektauftrag.
2. Sind die Aufgaben der Projektmitarbeiter gestaltet?	• Das Projektteam wurde zügig zusammengestellt. • Aufgaben, Kompetenzen und Verantwortlichkeiten sind festgelegt. Dies betrifft aber nur die Mitarbeiter aus der DV. • Es wurde versäumt, Projektverantwortliche aus den Geschäftsbereichen zu benennen.
3. Ist das Projekt wirksam organisiert?	• Projektpläne liegen vor, werden dokumentiert und archiviert. • Die Aufgabenpakete sind festgelegt und mit den Projektmitarbeitern besprochen. • Die Infrastruktur steht (Räumlichkeiten und Sekretariats-Kapazitäten der DV-Abteilung).
4. Werden Entscheidungen getroffen?	• Die Projektleitung kann in praktisch allen Belangen Entscheidungen treffen. • Das Grundproblem besteht darin, dass die erarbeiteten Themen nicht von den einzelnen Geschäftsbereichen mitgetragen werden: Entscheidungen zur Umsetzung führen daher ins Leere.
5. Wird im Projekt kontrolliert und beurteilt?	• Der Status im Projekt und der Grad der Aufgabenerledigung werden laufend kontrolliert. • Die Projektbeurteilungen fließen auch in die generellen Leistungsbeurteilungen der Projektmitarbeiter ein. • Es wird nicht beurteilt, ob das Projekt und die geschaffenen Plattformen auch Nutzen in der Anwendung stiften.

1.4   Werkzeuge für Projektleiter

Immer wieder sind psychologische und sozialwissenschaftliche Untersuchungen darüber gemacht worden, was einen guten Projektleiter auszeichnet. Besondere Eigenschaften wurden ins Treffen geführt wie etwa »integrativ«, »kreativ«, »kommunikativ«, »emotional intelligent« und anderes mehr. Die Begriffe richten sich meistens nach modischen Wellen, ohne dass klar ist, was damit gemeint ist. In der Realität lassen sich nur schwer Gemeinsamkeiten in der Persönlichkeit von guten Projektleitern feststellen. Viel spannender und auch ergiebiger ist die Frage, wie die guten Projektleiter arbeiten. Hier zeigen sich die interessanten Gemeinsamkeiten. Das gilt insbesondere für die *Werkzeuge*, die sie verwenden[13]. Die wichtigsten sollen in Folge dargestellt werden.

1. *Sitzungen,*
2. *persönliche Arbeitsmethodik,*
3. *systematische Müllabfuhr,*
4. *schriftliche Kommunikation (Bericht),*
5. *Kosten- und Zeitbudget.*

1. Sitzungen

Projektleitung bedeutet Zusammenarbeit mit Menschen – mit Projektmitarbeitern, mit Auftraggebern, mit Kunden. Der Ort dieser Zusammenarbeit ist die *Sitzung.* Der Fortschritt eines Projektes hängt wesentlich davon ab, wie die einzelnen Themen besprochen, die Aufgaben verteilt und die nächsten Projektschritte angegangen werden. Der Schlüssel dafür liegt in gut moderierten und produktiven Sitzungen[14]:

- Es gibt eine Tagesordnung vor und ein Protokoll nach der Sitzung.
- Die Sitzung ist auf Entscheidungen und Maßnahmen ausgerichtet. Werden wichtige Inhalte besprochen oder geplant, folgen automatisch Aufgabenlisten: »Wer macht was bis wann?«
- Die Projektleitung organisiert das Projekt so, dass möglichst wenige Sitzungen stattfinden müssen. Viele Sitzungen und Koordinationsrunden sind Zeichen schlechter Projektorganisation.
- In der Projektorganisation ist der Sitzungskalender mit Sitzungen, die regelmäßig stattfinden, ein fixer Bestandteil.

2. Persönliche Arbeitsmethodik

In einem Projekt zählt nicht die geleistete Arbeit, sondern ausschließlich das Ergebnis. Das gilt insbesondere für die Projektleitung. Erschwerend kommt noch hinzu, dass Projektleiter oft vieles gleichzeitig erledigen müssen und so der Gefahr der Verzettelung ausgesetzt sind. Wirksame Projektleiter nützen ihre persönliche *Arbeitsmethodik*, um eben dieser Gefahr entgegenzuwirken: Sie

- organisieren sich selbst, das Projekt und den Arbeitsanfall. Sie überlassen so wenig wie möglich dem Zufall.
- verfügen über ein wasserdichtes Ablagesystem und finden, was sie suchen. Auch das klingt simpel und ist in der Realität doch so schwierig.

- haben ihren Terminkalender im Griff und können zumindest grob abschätzen, wie viel Zeit sie wofür brauchen.
- beherrschen meisterlich ihre persönlichen Arbeitsinstrumente (Terminplaner, Ablagesysteme).
- halten Zusagen ein und sind bzgl. Pünktlichkeit und Verlässlichkeit ein Vorbild für alle Projektmitarbeiter.

3. Systematische Müllabfuhr

Eng mit der persönlichen Arbeitsmethodik ist die *systematische Müllabfuhr* verbunden. Die echten Projektprofis wenden dieses Instrument konsequent an. So stellen sie sicher, dass im Projekt genügend Ressourcen vorhanden sind.

- Sie hinterfragen alle Aufgaben, die sie erledigen müssen und vermeiden alles, was keinen Beitrag für das Projekt leistet. So schaffen sie Freiräume für die wichtigen Aufgaben.
- Wenn neue Aufgaben geplant werden, stellen sie gleichzeitig die Frage, was ab jetzt nicht mehr getan werden soll. Kreativität und *Spontaneität* werden so in die richtigen Bahnen gelenkt und müssen sich an der Umsetzbarkeit und an den Ergebnissen ausrichten.
- Resultat der systematischen Müllabfuhr ist eine Maßnahmenliste mit Aktionen, zu hebenden Potenzialen, einem Termin und einem Verantwortlichen.

4. Schriftliche Kommunikation (Bericht)

In jedem Projekt fallen unzählige Schriftstücke an: Projektpläne, Checklisten, Zusammenfassungen über wichtige Ergebnisse, Briefe, Sitzungsprotokolle, Aufgabenlisten, Zwischenberichte. Schriftstücke sind damit ein wichtiges Element in der Projektführung. Bei der schriftlichen Kommunikation gibt es einiges, was von guten Projektleitern und Projektmitarbeitern abgeschaut werden kann: Sie

- steuern die Informationsflut und haben zu jeder Zeit Überblick über das, was an Schriftstücken für das Projekt wichtig ist.
- verfassen ihre Schriftstücke so, dass nicht nur sie, sondern auch alle anderen verstehen, was gemeint ist. Das klingt zwar selbstverständlich, ist es in der Praxis aber nicht.
- zwingen sich für Verständlichkeit, Klarheit und Deutlichkeit in Wort und Schrift. Dazu gehört die konsequente Vermeidung von Anglizismen und Fremdwörtern.
- sorgen für eine effiziente Ablage und Dokumentation aller Schriftstücke. Vor allem sollen alle Projektbeteiligten jederzeit Zugang zu diesen Dokumenten haben – ohne lange suchen zu müssen.

Die Steuerung der *schriftlichen Kommunikation* ist ein unterschätztes Feld, weil es wenig spektakulär und langweilig ist. Die wirklich guten Projektleiter wissen aber um die Bedeutung der schriftlichen Kommunikation[15] und nützen diese auch professionell.

Schriftliche Kommunikation — **Beispiel Call-Center**

Im Folgenden sind ein negatives und ein positives Beispiel für einen Kurzbericht dargestellt, den ein Projektmitarbeiter für den Projektleiter verfasst. In einem Projekt wurde ein Testbetrieb für ein Call-Center eingerichtet. Es scheint dort Probleme zu geben...

Negatives Beispiel eines Berichtes:

Sehr geehrter Herr Müller,

wir haben einen Testbetrieb eingerichtet, wie Sie wissen. Am Anfang lief soweit alles glatt. Zumindest haben das die Beteiligten erzählt. Aber Sie als erfahrene Führungskraft wissen ja, wie so etwas ist. Vertrauen ist gut, Kontrolle ist besser. Das habe ich mir auch gedacht, als ein Kunde sich beschwerte, dass mit seinen Bestellungen immer wieder Probleme auftauchen. Ich habe mir die Sache angesehen und festgestellt, dass die Bestellannahme nicht so arbeitet, wie wir das wollen. Ich glaube, wir sollten reagieren. Oder sollen Kunden noch einmal anrufen?

Mit freundlichen Grüßen, A. Meier

Positives Beispiel eines Berichtes (zum selben Sachverhalt):

Betr.: Probleme im Testbetrieb des Call-Centers (CC): Bestellannahme

Sehr geehrter Herr Müller,

seit 23. Oktober läuft der Testbetrieb unseres CC. Seit 05.11. häufen sich Beschwerdebriefe über Probleme in der Bestellannahme:
* Bestellungen werden falsch oder teilweise falsch entgegengenommen.
* Bei Rückfragen reagiert das CC verärgert oder überhaupt nicht.

Nachdem Bestellrückgänge drohen und die Sache außer Kontrolle gerät, habe ich mit Ihrer Sekretärin einen Termin zur Behandlung dieses Problems und zur Ergreifung von Maßnahmen festgesetzt:
* Freitag, 14.11., 08.00 bis 10.00 in Ihrem Büro
* Teilnehmer: Müller, Meier, Berger
* Einziger Tagesordnungspunkt: Behebung der Probleme im CC

Gruß, A. Meier

5. Kosten- und Zeitbudget

Jedes Projekt braucht Ressourcen: Arbeitskraft, Zeit und Geld. Der Erfolg eines Projektes hängt wesentlich von der Steuerung dieser Elemente ab:

- Ein Projekt muss kostenmäßig geplant werden. Es geht um die Fixkosten der Projektorganisation (Projektbüro, Personalkosten) und um die variablen Kosten des Projektes (Aufwendungen in den einzelnen Projektphasen, Spesen).
- Auch die Zeitplanung gehört in ein Projektbudget. Gemeint ist die Aufteilung des Projektes in einzelne Arbeitspakete und die Budgetierung dieser Pakete in Arbeitszeit der Projektmitarbeiter (z.B. mit Balkenplänen oder Funktionendiagrammen). Oft wird dieser Punkt vergessen, obwohl das Zeitbudget eines der wichtigsten Steuerungsinstrumente für ein Projekt ist.
- Das Budget ist die einfachste Möglichkeit, ein Projekt kennen zu lernen. Für neue Projektmitarbeiter gibt es praktisch kein besseres Werkzeug, in das Projekt Einblick zu bekommen.
- Mit der Budgetierung wird der letzte Check gemacht, ob das Projekt und seine Ziele realistisch geplant sind.

Es gibt nur wenige Werkzeuge, mit denen ein Projekt so übersichtlich und professionell gesteuert werden kann, wie mit dem *Projektbudget* in Verbindung mit den Maßnahmen, Balkenplänen und Funktionendiagrammen[16].

Projektmanagement ist keine Kunst. Es braucht keine besondere Inspiration oder außergewöhnliche Begabung, um Projekte durchzuführen oder zu leiten. Die guten Projektleiter orientieren sich an den Ergebnissen, die gemeinsam erreicht werden. Dabei benutzen sie die beschriebenen Werkzeuge. Mit beiliegenden »Werkzeugen für Projektleiter« lässt sich eine einfache Beurteilung der handwerklichen Qualität in einem Projekt durchführen.

Der Projekterfolg hängt zu einem wesentlichen Teil von der professionellen Beherrschung dieser Werkzeuge ab und macht Projektmanagement zu dem, was es eigentlich ist: ein *Handwerk* für wirksames und ergebnisorientiertes Arbeiten.

Werkzeuge für Projektleiter	Werkzeug
Checkpunkt	**Beurteilung der Werkzeuge/Maßnahmen**
1. Sitzungen	
2. Persönliche Arbeitsmethodik	
3. Systematische Müllabfuhr	
4. Schriftliche Kommunikation (Bericht)	
5. Kosten- und Zeitbudget	

| Werkzeuge für Projektleiter | **Beispiel Handel** |

Ein Handelsunternehmen für Kaffeeautomaten plant ein Vermarktungsprojekt unter anderem mit Hilfe der »Werkzeuge für Projektleiter«. Erfahrungen aus der Vergangenheit mit ähnlichen Projekten fließen ein.

Checkpunkt	Beurteilung der Werkzeuge/Maßnahmen
1. Sitzungen	• Festlegung und Kontrolle eines gültigen Sitzungstaktes der Geschäftsleitung mit den Ländervertretungen und mit den Herstellern der Geräte (Vorschlag: einmal pro Monat drei Stunden pro Land) • Durchsetzung der Protokollierung aller Vertriebs-Meetings (inklusive Versendung von Tagesordnungen vorher) • Erstellung eines Projektsitzungstaktes für das gesamte Projekt mit den teilnehmenden Personen
2. Persönliche Arbeitsmethodik	• Führung eines Notes-Projektkalenders mit Einsicht aller Projektmitglieder und aller Führungskräfte
3. Systematische Müllabfuhr	• Spielregel: Für jede neue Idee wird etwas Bestehendes nicht mehr gemacht. • Führung einer Liste von abzuschaffenden Aktivitäten (Aktionen des Außen- und des Innendienstes, der Verwaltung, »verstaubte« Projekte)
4. Schriftliche Kommunikation (Bericht)	• Anlage eines Projektordners im Intranet, der für alle Projektmitarbeiter und Führungskräfte frei geschaltet ist • Grundstruktur des Projektordners: 1) Analyse, 2) Vermarktungsprinzipien, 3) Vermarktungspläne der Ländergesellschaften, 4) Geschäftsplan • Keine offiziellen handschriftlichen Dokumente mehr
5. Kosten- und Zeitbudget	• Gestaltung eines einheitlichen Terminkalenders für alle Projekte im Unternehmen • Budgetierung nach einheitlicher Vorlage

1.5   Projektphasen

Es gibt insgesamt vier *Projektphasen*, die jedes Projekt durchlaufen muss, wenn es erfolgreich sein will[17]. Die Grundlogik dieser Projektphasen ist völlig unabhängig davon, wie groß oder kompliziert das Projekt ist. Projekte sind so verschieden wie die einzelnen Organisationen, in denen sie durchgeführt werden. Trotzdem gibt es einen gemeinsamen Kern aller Projekte – und das sind die Projektphasen. Fehlen wichtige Teile dieser Projektphasen, wird die Projektarbeit schwierig und letztlich das Projektziel gefährdet. Welche Phasen bilden nun das Rückgrat aller Projekte?
1. *Projektstart und Projektauftrag,*
2. *Projektanalyse und Projektplanung,*
3. *Projektumsetzung und Projektabschluss,*
4. *Projektsteuerung.*

1. Projektstart und Projektauftrag

Am Beginn eines Projektes wird das Projektziel festgehalten. In vielen Fällen ist anfangs noch kein echtes Projektziel vorhanden, sondern nur eine Problemstellung (z.B. »Es muss gehandelt werden!«). Die Herausforderung besteht in einer Abgrenzung des Problems und in einer Konkretisierung in Form eines Projektzieles. Anschließend beginnt der fast wichtigste Schritt bei der Erarbeitung eines Projektes – der *Projektauftrag.* Folgende Elemente müssen in einem guten Projektauftrag festgehalten werden:
- eine kurze Zusammenfassung der Ausgangs- und Problemlage,
- die Festschreibung des Projektzieles und der Teilziele,
- die Klärung, wer der Kunde im Projekt ist und worin der Kundennutzen besteht,
- eine grobe Übersicht der wichtigsten Projektphasen und Arbeitspakete mit den Terminen (»Meilensteine«),
- die Listung aller vom Projekt betroffenen Organisationen und Institutionen,
- eine grobe Mittelschätzung (Kosten der Arbeitszeit, Infrastruktur),
- eine kurze Darstellung der Projektorganisation und ein entsprechender Sitzungsplan,
- die Listung der wichtigsten Personen im Projekt (Projektauftraggeber, Projektleiter),
- eine Unterschriftenzeile,
- ein Verweis, wer alles über das Projekt und über den Projektauftrag informiert werden muss.

Ein guter Projektauftrag ist eine der besten Voraussetzungen für ein Projekt, weil schon sehr früh im Projekt die wichtigsten Punkte angesprochen sind. Damit wird vermieden, dass eine Projektgruppe zu früh loslegt und erst am Ende merkt, dass beispielsweise Budgets nicht genehmigt sind oder keine Arbeitspakete vorliegen. Der Projektauftrag ist die beste Voraussetzung für einen umsetzungsorientierten Projektstart[18].

2. Projektanalyse und Projektplanung

Nach dem Start und der Beauftragung des Projektes werden in der *Projektanalyse* das Projektziel noch einmal »geschärft« und die Ausgangslage beurteilt. Hier bietet sich die sogenannte SWOT-Analyse an, um Ausgangspunkt und Problemlage zu erarbeiten (Anmerkung: SWOT bedeutet »strenghts, weaknesses, opportunities, threats« – Stärken, Schwächen, Chancen, Gefahren). Auf Grundlage der SWOT können die Herausforderungen für das Projekt festgelegt und letztendlich das Projektziel einer endgültigen Prüfung unterzogen werden. Anschließend ist der *Projektplan* zu erarbeiten[19]. In Literatur und Praxis finden sich dazu sehr viele verschiedene Ansätze, die alle auf drei Grundschritte zurückgeführt werden können:

- Zunächst sind die im Projektauftrag formulierten Projektphasen exakt zu bestimmen und detailliert darzustellen. Als Ergebnis liegen die Haupt- und Teilaufgaben vor. Damit ist die Grundlogik des Projektablaufes beschrieben.
- Als nächstes werden diese Haupt- und Teilaufgaben auf der zeitlichen Achse eingetragen. Pro Aufgabe gibt es einen Start- und einen Endpunkt. Daraus entsteht ein Balkenplan, der wiederum die Grundlage für das Projektcontrolling über Meilensteine darstellt.
- Der letzte Schritt besteht darin, die Haupt- und Teilaufgaben mit den Aktivitäten der am Projekt beteiligten Personen zu verbinden. Jede Person kann planen, entscheiden, ausführen, informieren, kontrollieren. Durch die Zuordnung dieser Tätigkeiten auf die Aufgaben wird das Funktionendiagramm erstellt.

All das bildet die Basis für die Projektorganisation.

Das Herausfordernde in der Projektplanung sind nicht die Instrumente, die verwendet werden. Sehr viele Tools sind bereits erfunden und zu viele verkomplizieren ein Projekt anstatt Klarheit zu schaffen. Das Entscheidende in der Planungsphase ist der Schritt vom Ziel bis hin zu einer logisch und zeitlich richtigen Folge von Arbeits- und Aufgabenschritten.

3. Projektumsetzung und Projektabschluss

Ist das Projekt aufgesetzt und durchgeplant, geht es anschließend um die Umsetzung. Die Grundlagen liegen aus den vorigen Projektphasen bereits vor: Ziele, Mittel, Maßnahmen und Qualitätsanforderungen sind definiert, der zeitliche Rahmen der Umsetzung ist durch den Balkenplan festgelegt und jeder Projektbeteiligte weiß durch das Funktionendiagramm, welchen Beitrag er zu leisten hat. In der Praxis haben sich einige Prinzipien für die *Umsetzung* eines Projektes bewährt:

- einheitliche Maßnahmenlisten festschreiben (Wer macht was bis wann?),
- für klare Verantwortlichkeiten sorgen,
- auf Weniges, dafür Wichtiges konzentrieren,
- Hilfsmittel verwenden (z.B. Zeit- und Ablagesystem),
- die Arbeitsmethodik laufend überprüfen,
- auf Schriftlichkeit und auf einen Mindestgrad an Formalismus achten.

Gerade an der Qualität der Umsetzung zeigt sich, ob die Projektleitung kompetent arbeitet. Gleiches gilt auch für den *Projektabschluss*. Die Projektergebnisse sind am Ende zu beurteilen und an die Linienfunktionen zu übergeben. Daher gehören Projektabschlussbericht und Übergabeprotokolle zum Standardwerkzeug guter Projektleiter[20].

4. Projektsteuerung
Damit ein Projekt die Resultate bringt, die erwartet werden, muss Projektsteuerung stattfinden. Diese Steuerung bezieht sich auf alle Projektphasen. Je sauberer die Phasen aufgesetzt wurden, umso einfacher ist die *Projektsteuerung* zu bewerkstelligen. Insbesondere geht es um:
- klare methodische und inhaltliche Erarbeitung der Ziele, des Auftrages, der Analyse und der Planung des Projektes,
- konsequente Resultatorientierung,
- Durchführung des Ergebniscontrollings, Sicherstellung der Übergabe, Beendigung des Projektes durch einen sauberen Projektabschluss,
- Controlling-Termine während der Umsetzung.

Nicht zuletzt muss die Projektsteuerung dafür sorgen, dass das Projekt die dargestellten vier Projektphasen durchläuft. Eine wirksame Steuerung beginnt daher schon am Anfang des Projektes.

Jedes Projekt besteht aus vier Projektphasen. Die Grundlogik dieser Phasen ist bei allen Projekten dieselbe – unabhängig davon, ob es sich um große, kleine, komplizierte oder einfache Projekte handelt. Die Projektleitung stellt von Anfang an sicher, dass die Kernelemente jeder einzelnen Phase erarbeitet werden und schafft somit die besten Voraussetzungen für den Projekterfolg.

Check der Projektphasen	Werkzeug
Phase	**Beurteilung**

1. Erstens: Projektstart und Projektauftrag

Phase	Beurteilung
1.1 Projektstart und Projektleitplanken	
1.2 Projektauftrag und Projektnutzen	
1.3 Projektziele und Teilvereinbarung	
1.4 Projektbeteiligte und Projektkunden	
1.5 Projekt-Netzwerke und Schnittstellen	

2. Projektanalyse und Projektplanung

Phase	Beurteilung
2.1 Situationsanalyse und SWOT	
2.2 Balkenplan und Funktionendiagramm	
2.3 Ressourcenplan und Mengengerüst	
2.4 Kern der Projektorganisation	
2.5 Grundsätze beim Organisieren	

Phase	Beurteilung
3. Projektumsetzung und Projektabschluss	
3.1 Resultatorientierung und Leistungsmessung	
3.2 Aufgabenliste und Stellenbeschreibung	
3.3 Sitzungsmanagement und Sitzungskalender	
3.4 Tagesordnung und Protokoll	
3.5 Projektübergabe und Projektabschluss	
4. Projektsteuerung und Multiprojekt-Management	
4.1 Projektcontrolling	
4.2 Risikoanalyse und Risikomanagement	
4.3 Arbeitsmethodik in Projekten	
4.4 Projektkommunikation und Projekt-Stakeholder	
4.5 Multiprojekt-Management	

Check der Projektphasen	Beispiel Telematik

Nach dem Aufsetzen eines Prozessmanagement-Projektes bei einem Anbieter von Telematikleistungen wurde ein *Qualitätscheck* des Projektes über die Projektphasen gemacht.

Phase	Beurteilung
1. Erstens: Projektstart und Projektauftrag	
1.1 Projektstart und Projektleitplanken	Der Projektstart wurde sehr professionell durchgeführt.
1.2 Projektauftrag und Projektnutzen	Die Projektziele und die Termine sind noch – im Sinn einer Feinplanung – zu detaillieren.
1.3 Projektziele und Teilvereinbarung	Qualitäts-, Kosten- und Zeitziele sind exakt dargestellt. Die Schnittstellenthemen zum Logistikmodul und zum MIS der Speditionen müssen noch konkretisiert werden
1.4 Projektbeteiligte und Projektkunden	Kundensegmente und jeweiliger Kundennutzen (relative Qualität) sind identifiziert. Die Organisationen im Gesamtkonzern sind noch zu wenig eingebunden. Es fehlen Aufgabenpakete mit hausinternen Zulieferern.
1.5 Projekt-Netzwerke und Schnittstellen	Die Steuerung der Schnittstellen zu externen Lieferanten funktioniert sehr gut. Die internen Lieferanten und Abnehmer sind zu wenig »an der kurzen Leine«. Hier muss die Projektleitung konsequenter führen und gegebenenfalls nach oben eskalieren.
2. Projektanalyse und Projektplanung	
2.1 Situationsanalyse und SWOT	Die Situation ist klar und selbstkritisch dargelegt (insbesondere die Qualitätsposition bei den Kriterien »Verfügbarkeit« und »Stabilität«). Eine SWOT liegt vor. Abgeleitet wurden »Herausforderungen« für das Projekt, die am Projektende entsprechend bewältigt werden sollten.
2.2 Balkenplan und Funktionendiagramm	Phasen und Termine sind erarbeitet. Kritisch ist zu fragen, ob die ambitionierten Termine mit den bestehenden personellen Ressourcen erreicht werden können.
2.3 Ressourcenplan und Mengengerüst	Die Mittelschätzung ist realistisch. Allerdings sind die einzusetzenden Ressourcen im Konzern noch nicht berücksichtigt und noch nicht genehmigt.
2.4 Kern der Projektorganisation	Die Ausrichtung auf den Kundennutzen stimmt.
2.5 Grundsätze beim Organisieren	Verantwortlichkeiten sind klar geregelt (außer Konzernbeteiligte). Der rote Faden vom Balkenplan über das Funktionendiagramm zur Organisation ist stimmig.

Phase	Beurteilung
3. Projektumsetzung und Projektabschluss	
3.1 Resultatorientierung und Leistungsmessung	Die Gefahr besteht, dass zu viele »Baustellen« im Projekt aufgetan werden. Einige Themen werden daher zurückgestellt (Releaseplanung Trucking, Integration der Fremdfahrzeuge, Frachtenbörse).
3.2 Aufgabenliste und Stellenbeschreibung	Maßnahmenlisten werden laufend erarbeitet. Sofortmaßnahmen sind – sofern sie nicht das Projekt insgesamt präjudizieren – in Umsetzung.
3.3 Sitzungsmanagement und Sitzungskalender	Das Prinzip »die richtigen Diskussionen führen« funktioniert innerhalb der Organisation. Im Konzern muss aber künftig mit einer klareren Agenda gearbeitet werden.
3.4 Tagesordnung und Protokoll	Beides funktioniert gut und stellt Verbindlichkeit sicher.
3.5 Projektübergabe und Projektabschluss	Die Übergabe geschieht bereits während des Projektes und läuft gut. Ein Endtermin für den Projektabschluss steht. Fraglich ist, ob die Zertifizierung bei diesem engen Terminplan nicht um zwei Monate nach hinten verschoben werden muss.
4. Projektsteuerung und Multiprojekt-Management	
4.1 Projektcontrolling	Termine sind für die nächsten 12 Monate festgelegt. Die bisherigen zwei Controlling-Sitzungen haben sich bewährt.
4.2 Risikoanalyse und Risikomanagement	Die Risikosteuerung funktioniert.
4.3 Arbeitsmethodik in Projekten	Die Verwendung von Hilfsmitteln verläuft sehr professionell und »überfordert« die Systeme und Nutzer nicht.
4.4 Projektkommunikation und Projekt-Stakeholder	Insbesondere die betroffenen Stellen im Konzern müssen intensiver informiert werden.
4.5 Multiprojekt-Management	Generell ist zu überlegen, ob das Projekt nicht gesplittet werden soll in ein Betriebsprojekt und ein Entwicklungs-Projekt.

Literatur

1 *Kerzner, H.*, Project Management – A Systems Approach to Planning, Scheduling and Controlling, New York 2001, S. 29 ff.
2 *Turner, J./Simister, S.* (Hrsg.), Gower Handbook of Project Management, Aldershot 2000, S. 65.
3 *Ulrich, H.*, Gesammelte Schriften, Band 5, Bern 2001, S. 17 und S. 42.
4 Vgl. *Malik, F.*, Gefährliche Managementwörter, Frankfurt 2005, S. 7.
5 *Krüger, W. (Hrsg.)*, Excellence in Change, Wiesbaden 2000, S. 31 ff.
6 Vgl. *Briner, M./Geddes, M./Hastings, C.*, Project Leadership, Cambridge 2001, S. 85.
7 Vgl. *Greiner, L.*, Patterns of organization change, in: Harvard Business Review, Vol. 50/1967, S. 119 ff.
8 Vgl. die Resultat- und Umsetzungsorientierung in: *Malik, F.*, Führen Leisten Leben, Stuttgart 2000, S. 73; *Turner, J./Simister, S.* (Hrsg.), Gower Handbook of Project Management, Aldershot 2000, S. 77 ff.
9 *Malik, F.*, Führen Leisten Leben. Wirksames Management für eine neue Zeit, Stuttgart-München 2000, S. 101.
10 *Vgl. Patzak, G./Rattay, G.*, Projektmanagement – Leitfaden zum Management von Projekten, Projektportfolios und projektorientierten Unternehmen, Wien 1997, S. 92 ff.
11 *Kerzner, H.*, Project Management – A Systems Approach to Planning, Scheduling and Controlling, New York 2001, S. 573.
12 Vgl. *Stöger, R.*, Prozessmanagement, Stuttgart 2009, S. 206.
13 *Malik, F.*, malik on management m.o.m.®-letter, Management-Aufgaben und Management-Werkzeuge – eine Übersicht, Nr. 10/97, S. 187 ff.
14 Vgl. *Drucker, P.*, Die ideale Führungskraft. Die hohe Schule des Managers, Düsseldorf 1995, S. 47 ff.
15 Vgl. zur Kommunikation: *Fangel, M.*, Best Practice in Project Start-Up, in: Proceedings 14th World Congress on Project Management, IPMA, 1998, S. 354 ff.
16 *Mantel, S./Meredith, J.*, Project Management – A Managerial Approach, New York 2000, S. 361.
17 *Turner, J./Simister, S.* (Hrsg.), Gower Handbook of Project Management, Aldershot 2000, S. 237 und S. 431 ff.
18 Vgl. *Ehrl-Gruber, B./Süss, G.*, Praxishandbuch Projektmanagement, Augsburg 1996, Kap. 2.3. und Kap. 2.4.4.
19 *Patzak, G./Rattay, G.*, Projektmanagement – Leitfaden zum Management von Projekten, Projektportfolios und projektorientierten Unternehmen, Wien 1997, S. 160.
20 *Hansel, J./Lomnitz, G.*, Projektleiter-Praxis, Berlin 2000, S. 139.

Projekte und Management

Projektstart und
Projektauftrag

⬅

⬇

Projektanalyse und
Projektplanung

⬅

⬇

Projektumsetzung und
Projektabschluss

⬅

Projekt-
steuerung
und
Multi-
Projekt-
Management

2 Projektstart und Projektauftrag

2.1 Projektstart und Projektleitplanen

Der *Projektstart* ist nicht nur der Beginn eines Projektes. Er ist ein wichtiger Teil in der Projektmethodik, weil am Anfang ein inhaltlich und methodisch roter Faden für das gesamte Projekt aufgenommen werden muss[1]. »Sage mir, wie Dein Projekt beginnt und ich sage Dir, wie es endet« ist eine alte Weisheit unter erfahrenen Projektmanagern. Projektstart und der Projektleitplanen entscheiden über Erfolg und Misserfolg des Vorhabens.

1. *Projektstart und Projekt-Kick-off*
2. *Projektleitplanen.*

1. Projektstart und Projekt-Kick-off

Genau genommen ist der offizielle Projektstart schon der zweite Schritt im Projekt. Die erfolgskritische Phase beginnt vor dem Start. Das gesamte Projekt muss inhaltlich und methodisch vorausgedacht und strukturiert werden[2]. Jede Eventualität – sofern heute schon absehbar – ist einzuplanen. Folgende Punkte müssen beim Projektstart geklärt sein:

- Projektkunde, Projektauftraggeber/Lenkungsausschuss, Projektleiter, Projektmitarbeiter und sonstige Projektbeteiligte (Lieferanten, Partner),
- Projektziele,
- Teilziele und Aufgabenpakete,
- grober Projektplan mit den einzelnen Schritten und Meilensteinen,
- Termine und Ressourcen/Budget,
- Aufgaben, Kompetenzen und Verantwortlichkeiten aller am Projekt Beteiligten,
- Projektorganisation,
- Infrastruktur (Räumlichkeiten, Sekretariat, Ablagesystem, Medien, DV-Systeme),
- Information und Kommunikation,
- Spielregeln im Projekt,
- Berichterstattung, Projektdokumentation und Sitzungstakt.

Gerade die Dokumentation sollte nicht unterschätzt werden. Bewährt hat sich das Führen eines Projekthandbuches, in dem die wichtigsten Informationen zu den Inhalten, zum Vorgehen und zu den organisatorischen Belangen zusammengefasst sind[3]. Das *Projekthandbuch* liegt schon bei Projektstart vor und wird im Projektsekretariat verwaltet und gepflegt. Im Projekthandbuch sind Projektziel, Teilziele, Aufgabenpakete inkl. Projektplan mit allen Terminen, Verantwortlichkeiten und Ressourcen zusammengefasst. Die wichtigsten Personen im Projekt (Kunde, Auftraggeber, Projektleiter, Projektmitarbeiter, Stakeholder...) sind mit Adressen erfasst. Zusätzlich sind deren Aufgaben, Kompetenzen und Verantwortlichkeiten angegeben. Dieser

»öffentliche« Aushang in Form des Projekthandbuchs erzeugt zusätzlichen Druck, die Inhalte zu klären und präzise zu gestalten. Weiter sind im Projekthandbuch noch die Modalitäten der Berichterstattung, der *Projektdokumentation*, die Projektorganisation und der Sitzungstakt dargestellt. Bei Projektabschluss kann das Handbuch als Basis der Abschlussdokumentation verwendet werden.

Üblicherweise startet ein Projekt mit einer Kick-off-Veranstaltung. Diese Sitzung ist der offizielle Projektstart. Alle Projektbeteiligten sind einzuladen. Vorgestellt werden Teilnehmer, Ablauf und Organisatorisches. Ziel des Kick-offs ist neben der Information auch der Konsens zum Vorgehen und zu den Zielen des Projektes. Die Mannschaft wird auf das Projekt »eingeschworen«.

Der *Projekt-Kick-off* ist eine der wichtigsten Veranstaltungen im Projekt, weil sich dort offiziell und öffentlich das Projekt zum ersten Mal präsentiert. Eine professionelle Organisation, Durchführung und Dokumentation des Kick-offs schafft den viel zitierten »ersten Eindruck« des Projektes und hat daher enorme psychologische Wirkung. Zudem muss am Ende des Kick-offs klar sein, dass alle anwesenden Personen den vorgestellten Inhalten und zum methodischen Ablauf des Projektes zustimmen. Dies ist offiziell im *Protokoll* zu vermerken. Damit wird ausgeschlossen, dass in späteren Phasen jemand ausschert und Inhalte bzw. Vorgehen torpediert (»Wenn ich gefragt worden wäre…«, »Ich hätte ja schon viel früher gesagt, dass…«). Neben seiner inhaltlichen und methodischen Bedeutung ist der Projekt-Kick-off eine politische Veranstaltung und durch den Projektauftraggeber und den Projektleiter professionell zu steuern[4].

Tagesordnung Kick-off	Werkzeug
Projekt:	
Datum/Zeit:	
Ort:	
Einladung geht an:	
von:	
Protokoll:	

Zeit	Tagesordnungspunkte	Leitung

Tagesordnung Kick-off	**Beispiel Grundstoffwerk**

In einem Grundstoffwerk wird ein Projekt gestartet, in dem definierte interne Dienstleistungen auf Marktfähigkeit geprüft und bei entsprechenden Chancen auf den Markt gebracht werden sollen. Beim *Projekt-Kick-off* sind alle Projektbeteiligten und der Vorstand des Werkes präsent.

Projekt:	Industrielle Dienstleistungen
Datum/Zeit:	20.01., 08.30 bis 12.30
Ort:	Sitzungszimmer E02
Einladung geht an:	Vorstand, Projektteam
von:	P. Weiss (Projektleiter)
Protokoll:	M. Kreiser

Zeit	Tagesordnungspunkte	Leitung
08.30	1. Begrüßung: Bedeutung des Projektes aus Sicht des Vorstandes	Köster
08.45	2. Vorstellung des Projektes: • Projektziele und Phasen (Meilensteine) • Methodisches Vorgehen • Projektteam (Aufgaben, Kompetenzen) • Projektorganisation und Infrastruktur • Berichtwesen und Sitzungstakte	Weiss
10.00	Pause	
10.30	3. Definition der zu untersuchenden internen Dienstleistungen gemäß Vorschlag: • Listung der industriellen Dienstleistungen • Diskussion und Verabschiedung des Vorschlages	Heimann
11.30	4. Vorbereitung für die Phase 1: • Termine, Teams • Vorstellung der Methodik	Weiss, Heimann
12.15	5. Offene Punkte/weiteres Vorgehen	Weiss
12.30	Ende	

Nachdem mit Projekten üblicherweise »große« und wichtige Fragen berührt sind, sollten bereits in einer frühen Phase Projektleitplanken erarbeitet werden. Diese betreffen vor allem wesentliche Aspekte von: Ziel, Nutzen, Inhalt, Vorgehen, Methodik, Schnittstellen, Organisation, Ressourcen usw. Es geht um eine *projektspezifische Orientierung*, weil jedes Projekt Zeit und Ressourcen beansprucht. Die Leitplanken bilden den Rahmen, innerhalb dessen Umsetzung erst stattfinden kann. Es ist kein Kreativitätshemmnis, sondern schafft erst die Voraussetzung dafür, dass zielgerichtet Ideen diskutiert, konkrete Vorschläge entwickelt und Entscheidungen getroffen werden können. Das Wissen um diesen Rahmen ist kein Denkverbot. Vorschläge, die darüber hinausgehen, müssen einfach sehr gut argumentiert sein und dem Projektauftraggeber oder einem anderen Entscheiderkreis vorgelegt werden. Wenn etwa in einem internationalen Konzern Projektgrenzen geographisch oder funktional gesetzt sind, so kann dies durchaus im Projekt verschoben werden.

Mit den Leitplanken entsteht de facto das *Leitbild für ein Projekt*. Es zeigt das Selbstverständnis auf und gibt Klarheit, was innerhalb liegt, aber auch, was ausgeschlossen werden kann. Erfahrungsgemäß ist die negative Abgrenzung viel schwieriger, führt aber zu deutlich mehr Transparenz. Projektleitplanken müssen klar und verständlich geschrieben sein. Allgemeinplätze (»Flexibilität«), Anglizismen (»project value statements«) oder Fremdwörter (»induktive Synergie«) sollten vermieden werden. Verständlichkeit ist eine wesentliche Voraussetzung für Umsetzung. Dazu gehört auch, dass alle Aussagen präzise, realisierbar und überprüfbar formuliert sein müssen. Wie breit und tief die Leitplanken zu erarbeiten sind, hängt vom Projektumfang, der spezifischen Situation und dem Komplexitätsgrad ab. Im Minimum sollten Ausgangslage (»Wo stehen wir heute?«), Zielvorstellungen bzw. Themenspeicher (»Was wollen wir künftig?«) und eine negative Abgrenzung (»Was wollen wir künftig nicht?«) vorgenommen werden.

In den Erarbeitungsprozess der Projektleitplanken sind alle Verantwortlichen, alle Entscheidungsträger und Meinungsbildner einzubeziehen. Das Resultat ist schriftlich zu dokumentieren. Es bewährt sich, am Anfang mit allen relevanten Personen Einzelinterviews zu führen und diese dann anonymisiert auf einem Blatt zusammenzufassen. Anschließend werden die *Projektleitplanken* in einem gemeinsamen Workshop diskutiert und festgehalten. Dies führt zu einem gegenseitigen Abgleich der Meinungen und auch zu einer gemeinsamen Sicht. Damit ist klar, wo die leitenden Vorstellungen liegen und wie die Entscheider denken. Auch dient dies als Schutz für die Umsetzer, weil niemand im Nachhinein ein Projekt hintertreiben oder mikropolitisch aktiv werden kann: Alle Entscheidungsträger waren bei den Leitplanken dabei und mussten sich klar und deutlich äußern.

Projektleitplanken		Werkzeug
1. Wo stehen wir heute?	**2. Was wollen wir künftig?** (Themenspeicher)	**3. Was wollen wir künftig nicht?**

Projektleitplanken		Beispiel Spezialtiefbau

Ein international tätiges Unternehmen für Spezialtiefbau (Tunnel, U-Bahnen...) führt in allen Niederlassungen eine einheitliche Unternehmenssoftware ein. Für dieses Megaprojekt werden zu Beginn Projektleitplanken erarbeitet. Gerade die Unternehmenskultur und die Ausgangslage für ein solches Projekt werden sehr kritisch beurteilt. Auf dieser Grundlage wird das Projektmanagement im Konzern generell umgestellt.

1. Wo stehen wir heute?	2. Was wollen wir künftig? (Themenspeicher)	3. Was wollen wir künftig nicht?
1. keine einheitliche Unternehmenssoftware und zahlreiche Insellösungen 2. hochpolitisches Thema mit vielen, divergierenden Interessen 3. nach wie vor viele Möglichkeiten zur Hintertreibung des Projektes 4. bereits einmal gescheiterter Versuch einer Vereinheitlichung (»Projekt XY«) 5. zu wenig Projektkultur für internationale Projekte 6. Absorbierung der guten Leute in Bauprojekten/ Verschleiß der wenigen Projektprofis 7. ...	1. inhaltlich: einheitliche Software gem. Detailunterlagen und Produktivitätsstrategie 2. klares Ansprechen und frühzeitiges Gegenhalten bei politischer Hintertreibung 3. absolute Management-Attention mit entsprechenden Lenkungskreisen 4. 100% Abstellung der besten Leute (gem. Antrag) 5. Aufnahme des Projekterfolgs in die Zielvereinbarungen der Regional-Manager und der Konzernführung 6. neuer Projektauftraggeber: Stv. Vorstands-Vorsitzender 7. ...	1. weiterhin: Priorität B von großen, internationalen, internen Projekten 2. »augenzwinkerndes Akzeptieren von Widerstand« 3. zahlreiche Möglichkeiten des Ausredens auf das operative Geschäft oder gerade anstehende »wichtige Fragen« 4. Start von Großprojekten ohne Verbindung mit Management-Systemen (Zielvereinbarungen...) 5. »Projektmitarbeiter, die gerade Zeit haben« 6. ...

2.2   Projektauftrag und Projektnutzen

Für den Start eines Projektes muss eine genaue Anweisung vorhanden sein. Der *Projektauftrag* und der Projektnutzen sind die Voraussetzung für die Planung und für die Umsetzung eines Projektes.
1. *Projektauftrag,*
2. *Projektnutzen.*

1. Projektauftrag

Nach der Bestimmung der Projektziele und nach dem Projektstart geht es um eine knappe und präzise Zusammenfassung der wichtigsten Planungselemente im Projekt[5]:

- eine Zusammenfassung der Ausgangs-/Problemlage,
- die Festschreibung des Projektzieles und der Teilziele,
- die Klärung des Nutzens für Kunden und für das Unternehmen,
- eine grobe Darstellung der wichtigsten Projektphasen mit den wichtigsten Terminen (»Meilensteinen«),
- die Listung aller vom Projekt betroffenen Organisationen und Institutionen (Lieferanten, Abnehmer, externe Institutionen wie etwa Gebietskörperschaften),
- eine grobe Mittelschätzung (Kosten der Arbeitszeit, Infrastruktur),
- eine kurze Darstellung der Projektorganisation, der entsprechenden Sitzungen und der wichtigsten Entscheidungsgremien,
- die wichtigsten Personen im Projekt: Projektauftraggeber, Projektleiter, Projektschriftführer, Projektsprecher, externe Experten,
- eine Genehmigungszeile, in welcher der Projektauftraggeber den Projektauftrag unterschreibt,
- ein Verweis, wer über das Projekt und den Projektauftrag informiert werden muss.

Beim Projektauftrag sind vor allem drei Grundsätze zu beachten. Erstens soll ein Projektauftrag immer schriftlich formuliert sein. In vielen Fällen genügen zwei bis maximal drei Seiten. Die Schriftform zwingt zu klarer Formulierung und Zusammenfassung. Zweitens muss jeder Projektauftrag vom Projektauftraggeber unterschrieben sein. Drittens ist ein professionell gemachter Projektauftrag die beste Form eines *Projektsteckbriefes*, weil sich dort alle relevanten Informationen finden. Als Test kann ein unbeteiligter Dritter gebeten werden, den Projektauftrag zu lesen. Sind binnen fünf Minuten die wesentlichen Eckpunkte, Inhalte und das methodische Vorgehen klar, dann ist der Projektauftrag gut gemacht.

Es gibt keine bessere Voraussetzung für den Start eines Projektes als ein präziser und griffiger Projektauftrag[6]. Alle Punkte, die zur Planung und zur Umsetzung eines Projektes wesentlich sind, werden im Projektauftrag zusammengefasst. Wirksame Projektleiter starten nie ein Projekt ohne den entsprechenden Projektauftrag.

Projektauftrag	Werkzeug
Projekt:	
Projektauftraggeber:	
Projektleiter:	
Datum:	

1. Problemlage, Ausgangslage, Situationsanalyse

2. Projektziel und Teilziele

3. Nutzen für Kunden und Nutzen für das Unternehmen

4. Phasen im Projekt

5. Anfang- und Endtermin plus wichtige Zwischentermine (Meilensteine)

6. Benötigte Mittel/Budget zur Projektplanung und zur Projektumsetzung (Personal, Material, Arbeitszeit)

7. Vom Projekt betroffene Organisationen/Institutionen

8. Personen im Projekt (Auftraggeber, Leiter, Schriftführer, externe Experten...)

9. Projektorganisation/Sitzungstakt/Entscheidungsgremien

10. Genehmigung

Projektauftraggeber	Projektleiter
Datum und Unterschrift	Datum und Unterschrift

11. Kommunikation/Information an

Projektauftrag	**Beispiel Intranetprojekt**

In einem großen Handelsunternehmen wurde ein *Projektauftrag* für ein Intranet-Projekt verfasst.

Projekt:	Profi-Intranet
Projektauftraggeber:	Wörner
Projektleiter:	Scheer
Datum:	08.01.

1. Problemlage, Ausgangslage, Situationsanalyse

- Der vorhandene Medienmix des Unternehmens entspricht auf Konsumentenseite den Markterfordernissen.
- Bezüglich Lieferanten und nach innen existieren nur folgende Medien: Papier, interne Mitteilungen, Mail, Informationswände und Informationsveranstaltungen.
- Der Kommunikationsaufwand zu Lieferanten und nach innen ist beträchtlich (geschätzte 14.000 Stunden pro Jahr an Doppelspurigkeiten, überflüssiger Kommunikation, Mehraufwand zur Kommunikation mit Lieferanten).
- Typische Probleme in der Kommunikation:
  - zu breite Streuung der Information/zu geringe »Treffsicherheit« der Information,
  - keine Rückmeldung, ob Information angekommen ist,
  - zu langsamer Informationsfluss,
  - unzureichende und unvollständige digitale Anbindung der Zwischenhändler und Märkte,
  - zu geringe Nutzung der bestehenden Technologie und Zweckentfremdung der vorhandenen Medien,
  - keine durchgängigen Verantwortlichkeiten für die Kommunikation im Unternehmen.

2. Projektziel und Teilziele

Projektziel:

Das Ziel ist, ein inhaltliches und technisches Modell für ein Intranet bis 31.10. vorzulegen. Dieses Modell soll zwingend Aussagen zur Informationsnutzung, Wirtschaftlichkeit, Benutzerfreundlichkeit und zur Umsetzung beinhalten.

Projektteilziele (siehe gesonderte Beschreibungen):
- Modul »Inhalte, Zielgruppen und Zugriff«
- Modul »Formate und Struktur«
- Modul »Pflege«
- Modul »Lieferanten«
- Modul »Integration in den Medienmix«
- Modul »Einbindung der Zwischenhändler und Märkte«
- Modul »Wirtschaftlichkeit und Machbarkeit«

3. Nutzen für Kunden und Nutzen für das Unternehmen

- Nutzen für Kunden (Lieferanten, Zwischenhändler, Märkte): Information auf einen Blick, Strukturierung der Informationsströme, Vermeidung von Doppelspurigkeiten, schnelle Information, rasche Beauftragung
- Nutzen für das Unternehmen (Mitarbeiter, Geschäftsleitung): Transparenz, Vermeidung von Doppelspurigkeiten, schnellere Information, Einsparung (Zeit und Papier), durchgängiges elektronisches Ablagesystem über Intranetfunktionen (Dokumentation, Nachverfolgung...)

4. Phasen im Projekt

- Verfahrensidee
- Ist-Analyse
- Grobkonzept
- Feinkonzept
- Entscheidungsausschuss
- Start der Umsetzung
- Ende der Umsetzung

5. Anfang- und Endtermin plus wichtige Zwischentermine (Meilensteine)

Projektstart: 10.01.
- Verfahrensidee: 31.01.
- Ist-Analyse: 28.02.
- Grobkonzept: 29.06.
- Feinkonzept: 31.10.
- Start der Umsetzung: 02.11.
Projektende: 02.11.

Ende der Umsetzung: zweites Quartal im darauffolgenden Jahr (Termin und Umsetzungsprozess werden im Feinkonzept festgeschrieben)

6. Benötigte Mittel/Budget zur Projektplanung und zur Projektumsetzung (Personal, Material, Arbeitszeit)

Personal-/Beratungsaufwand bis 02.11.:
- 5 Projektmitglieder mit ca. 250 Stunden; 1.250 Stunden, d.h.: ca. 100.000 €
- 1 externer Berater: ca. 25.000 €

Technischer Aufwand bis 02.11.:
- Gemäß detaillierter Auflistung: 50.000 € bis zum Start der Umsetzung

Eine detaillierte Mittelschätzung für die Umsetzung (nach 02.11.) kann erst im Feinkonzept ausgewiesen werden. Es ist nicht unter 150.000 € zu rechnen.

7. Vom Projekt betroffene Organisationen/Institutionen

- Lieferanten
- Märkte/Zwischenhändler
- Zentrale DV
- Einkauf/Vertrieb
- Geschäftsleitung

8. Personen im Projekt (Auftraggeber, Leiter, Sprecher, externe Experten...)

- Auftraggeber: Wörner
- Projektleiter: Scheer
- Schriftführer Dokumentation/Pflege der Unterlagen: Bosch
- Projektmitarbeiter: Andres, Kohn, Waldmüller
- Externer Berater: Firma XY
- Entscheidungsausschuss: Mitglieder der Geschäftsleitung

9. Projektorganisation/Sitzungstakt/Entscheidungsgremien

- Sitzungstakt Projektleiter und Projektmitarbeiter: erster und dritter Montag im Monat, 14.00 bis 18.00 im Besprechungszimmer 102
- Entscheidungsausschuss: jeden ersten Dienstag im Monat, 08.30 bis 12.00

10. Genehmigung

Projektauftraggeber (Wörner)	Projektleiter (Scheer)
Datum und Unterschrift	Datum und Unterschrift

11. Kommunikation/Information an

- Mitglieder GL
- Lieferanten (insbesondere Verweis auf Mitarbeit)
- Zwischenhändler und Märkte (insbesondere Verweis auf Gestaltung Lastenheft)
- Zentrale DV
- Einkauf, Vertrieb (insbesondere Verweis auf Mitarbeit, Gestaltung Lastenheft)

2. Projektnutzen

Explizit ist im Projektauftrag der Nutzen für Kunden und der Nutzen für das Unternehmen angesprochen. Es gilt uneingeschränkt die alte Projektweisheit, dass es kein Projekt ohne Nutzen gibt[7]. Prinzipiell sind zwei Adressaten des Nutzens zu nennen: Beginnen sollte das Projekt mit dem Nutzen für Kunden. Der Kundennutzen kann sich auf Produkte, Dienstleistungen, Imagefaktoren oder Preis beziehen. Dies ist projektindividuell und hängt auch von der jeweiligen Branche ab. Im Minimum muss aber für eine dieser Dimensionen ein konkreter, nachweisbarer und vom Kunden »einklagbarer« Nutzen gegeben sein.

Der zweite Nutzenadressat ist das Unternehmen, in dem das Projekt durchgeführt wird. Der Nutzen bezieht sich in diesem Fall auf den Beitrag des Projektes für: Marktstellung, Innovationsleistung, Produktivität, Attraktivität für gute Leute, Cash oder Ergebnis. Auch hier gilt, dass ein Projekt im Minimum einen dieser Faktoren nachhaltig verbessern soll.

Nutzen eines Projektes für Kunden und das Unternehmen	Checkliste
Nutzen für Kunden	**Nutzen für das Unternehmen**
• Nutzen aus dem Produkt (Produkteigenschaften, Bedienbarkeit, Garantie…) • Nutzen aus der Dienstleistung (Beratung, Service, Betreuung, persönlicher Kontakt…) • Nutzen aus dem Image (Prestige, Vertrauen, emotionale Faktoren…) • Nutzen aus dem Preis (Preis-Leistungs-Verhältnis, Rabatte, Konditionen…)	• Marktstellung (Preis-Qualitäts-Stellung, Umsatz, Marktanteil…) • Innovationsleistung (Vorsprung gegenüber Wettbewerb, höhere Erfolgsquote bei Innovationen…) • Produktivitäten (Kosten, Erfahrungseffekte…) • Attraktivität für gute Leute (Entwicklungsmöglichkeiten, Image…) • Cash (Liquiditätswirkung…) • Ergebnis (Gewinn, ROI…)

Fehlt der Nutzen im Projekt, so muss die Projektleitung dafür sorgen, dass das Projekt eingestellt wird, weil es unnötig und nicht wertschöpfend Ressourcen bindet. In der Reihenfolge der Nutzenerarbeitung gilt immer der Grundsatz: zuerst mit dem Kundennutzen beginnen und erst als zweites den Nutzen für das Unternehmen darstellen. So ist sichergestellt, dass das Projekt am Geschäft anknüpft.

Zusätzlich zum Projektauftrag und zum Projektnutzen kann gemeinsam eine verbindliche Liste von Projektspielregeln vereinbart werden[8]. Diese ist dann als Anhang zum Projektauftrag aufzunehmen. Projektauftraggeber, Projektleiter und Projektmitarbeiter dokumentieren mit ihrer Unterschrift, dass die vereinbarten Spielregeln eingehalten werden. Typische Themen für die Projektspielregeln sind in nachfolgender Checkliste dargestellt

Projektspielregeln	Checkliste

1. Verantwortlichkeiten
2. Stellvertretung
3. Aufträge
4. Berichtsweg
5. Sitzungen
6. Entscheidungen
7. Professionalität
8. Qualität
9. Information und Kommunikation innerhalb und außerhalb des Projektteams
10. Konflikte, Eskalationsweg
11. Umgang mit Fehlern
12. Handy, E-Mail, Papier

Damit die Projektspielregeln nicht zu einem unverbindlichen Blatt Papier verkommen, muss die Projektleitung auf Folgendes achten:
- aktive Einforderung der Spielregeln bei offensichtlicher Verletzung,
- Projektspielregeln als Teil der *Leistungsbewertung* der Projektmitarbeiter,
- regelmäßige gemeinsame Reflexion der Spielregeln und offene Ansprache von Verletzungen.

Projektspielregeln können die Produktivität und das gegenseitige *Vertrauen* in einem Projekt nachhaltig verbessern. Erfahrungsgemäß werden diese aber nicht automatisch befolgt, sondern müssen hin und wieder eingefordert werden. Dies ist oberste Verpflichtung des Projektleiters – gerade gegenüber denjenigen, die sich an die Spielregeln halten.

Projektspielregeln	Werkzeug
Thema	**Spielregel**

Projektspielregeln	Beispiel Bahn

In einem Infrastrukturprojekt der Bahn werden zu Projektbeginn die Spielregeln definiert. Dies ist insbesondere notwendig, weil die meisten Projektmitglieder in unterschiedlichen Regionen tätig sind und nur selten physisch zusammenkommen.

Thema	Spielregel
Vorzeige-Projekt als »best practice« im Unternehmen	• Unser Projekt ist bezüglich Inhalte, Methodik, Führung und Durchführung ein Vorzeigeprojekt im Unternehmen. • Die Projektmitglieder stehen hinter dem Projekt. Wir vermarkten das Projekt im positiven Sinn nach innen und nach außen. Vermarktung heißt nicht Show, sondern Substanz. • Wenn Konflikte entstehen, tragen wir diese im Projektteam aus und halten die Eskalationswege ein. • Wir befolgen das Prinzip der offenen Kommunikation. Im Zweifel hat jeder für die Informationen zu sorgen, die er benötigt. …
Direkte Verantwortung ohne Stellvertretung	• Wir erreichen die definierten Ziele. Jeder ist für seine Aufgabenpakete verantwortlich und trägt ungeteilte Verantwortung für das Erreichen des Gesamtziels. • Wir »haften« gemeinsam für das Projekt. • Es werden keine Stellvertreter akzeptiert oder Leute, die für gewisse Aufgaben oder für die Sitzung »gerade Zeit« haben. …
Rauch und Telefonie	• Es wird in Projekträumen und bei Sitzungen nicht geraucht. • Pausenzeiten werden rechtzeitig abgestimmt. • Bei Sitzungen und anderen Besprechungen wird nicht telefoniert. • Vorgegebene Projekt-Telefonkosten werden eingehalten. …
Sitzungen, Agenda und Protokolle	• Sitzungen werden rechtzeitig festgelegt und pünktlich wahrgenommen (Start und Ende). • Jede Sitzung, die nicht stattfinden muss (weil Aktivitäten und Aufgabenteilung klar sind), ist eine erfolgreiche Sitzung. • Bei jeder Sitzung gibt es eine Agenda (mindestens 7 Tage vor der Sitzung) und ein Protokoll (mindestens 1 Tag nach der Sitzung). …
…	…

2.3   Projektziele und Zielvereinbarung

Die wichtigste Voraussetzung erfolgreicher Projekte sind klare und eindeutige Ziele[9]. In der Praxis wird aber häufig dagegen verstoßen – nach dem Motto: »Nachdem wir das Ziel aus den Augen verloren haben, verdoppelten wir unsere Anstrengungen.« Ziele sind ein vorweggenommener und erwünschter Zustand. Sie stellen die einzige Möglichkeit dar, den Erfolg eines Projektes zu messen. Dadurch entsteht ein gesunder Druck, sich mit der Zukunft auseinanderzusetzen. Ziele sind die Basis für die wirksame Umsetzung des Projektes. Sie bilden den roten Faden vom Beginn des Projektes bis hin zum Abschluss, definieren den Beitrag der Projektbeteiligten und schaffen Verbindlichkeit. Nur über Ziele werden allgemeine Absichten zu konkreten Handlungen.

In vielen Fällen sind Projekte die einzige Möglichkeit, vernetzte und komplizierte Fragestellungen anzugehen. Die Schwierigkeiten bei Projekten liegen allerdings in der alltäglichen Arbeit: Meistens fehlen Organisation und Routinen. Wenig Erfahrung und noch weniger Ressourcen stehen zur Verfügung. Die richtigen Mitarbeiter sind zu Beginn noch nicht vorhanden, die Infrastruktur muss zuerst finanziert und dann aufgebaut werden. Trotz dieser Einschränkungen ist wirksame Projektarbeit nur über entsprechende *Ziele* zu leisten. Im folgenden Abschnitt werden zwei Kernelemente vorgestellt.

1. Projektziele,
2. Zielvereinbarungen.

1. Projektziele

Es gibt einige Fixpunkte, die beim Finden und bei der Formulierung von Zielen helfen. Es braucht keine langen Checklisten, Punktbewertungen oder Nutzwert-Analysen, sondern lediglich die Bereitschaft zur kritischen und offenen Diskussion. Um ein Ziel zu definieren, hat sich eine Faustformel bewährt: *SMART.*

S – spezifisch. Es geht um die Frage, ob das Ziel konkret und ergebnisorientiert formuliert ist. Klare Projektziele nehmen das Ergebnis vorweg (z.B. »Die Vermarktung ist intensiviert und erhöht den Umsatz um 30%.«). Ein Ziel muss so konkret und anschaulich sein, dass später geprüft werden kann, ob es verwirklicht worden ist. Wenn ein unklares Ziel vorliegt, bestehen drei Möglichkeiten: sich weiterhin zu verzetteln, das Projekt zu beenden oder das Ziel zu konkretisieren.

M – messbar. Kann das Ziel gemessen oder überhaupt nachvollzogen werden? Im Englischen heißt es dazu »only what can be measured, gets done«. Für die Genehmigung und für die Umsetzung des Zieles ist es zwingend notwendig, Messbarkeit herzustellen. Zu jedem Zeitpunkt im Projekt herrscht auch Gewissheit, wo das Projekt steht. Letzten Endes stellt sich die alles entscheidende Frage: Liegen konkrete Resultate vor oder nur schöne Worte?

A – aktiv beeinflussbar bzw. ableitbar. Kann die Zielerreichung auch von den Projektmitgliedern beeinflusst werden? Es gibt immer wieder Beispiele, wo Projekte zwar aufgesetzt werden, die Umsetzung aber deswegen scheitert, weil niemand die

Zielerreichung beeinflussen kann. Aus jedem Ziel müssen sich daher konkrete und umsetzbare Maßnahmen ableiten lassen. Zusätzlich gilt der Grundsatz, dass ein Projektziel aus einem größeren Zusammenhang ableitbar sein muss. Dies kann etwa eine Geschäftsfeld-Strategie, ein Produktivitätsprogramm oder eine Qualitätsinitiative sein.

R – realistisch. Ist das Ziel realistisch gesteckt – gemessen an den Projektmitarbeitern, der Infrastruktur und der Zeit? Aus dem Ziel soll sich der notwendige Ressourcenbedarf ergeben. Andernfalls besteht die Gefahr, zwar herausfordernde Ziele, aber keine ausreichenden Mittel für die Umsetzung zu haben. Ebenso müssen aus dem Ziel klare Maßnahmen ableitbar sein. Zu diesem Punkt gehört die Forderung, möglichst wenige Ziele zu verfolgen. Häufig werden klare Ziele mit möglichst vielen Zielen verwechselt. Es ist in der Praxis und vor allem beim Projektstart viel schwieriger, sich auf wenige Ziele zu konzentrieren und diese dafür umso klarer herauszuarbeiten. Nur so aber werden Resultate erreicht.

T – terminiert. Zu jedem Ziel gehört ein »Vorlage-Termin«, d.h. ein Zeitpunkt, zu dem das Ergebnis erreicht ist. Auch setzt ergebnisorientiertes Arbeiten voraus, sich an Zwischenständen (»Meilensteinen«) zu orientieren.

Über Ziele[10] wird – gemessen an deren Wichtigkeit – viel zu wenig geredet. Oft wird so etwas damit gerechtfertigt, dass *Kreativität* bewusst nicht unterdrückt werden soll. So wichtig Spontaneität und Kreativität sind: Sie bleiben unwirksam, wenn nicht klar ist, wofür Ideen gut sind und wer sie umsetzt. In solchen Fällen verfolgen die Projektmitarbeiter ihre eigenen Ziele – und dies nicht einmal in schlechter Absicht. Die Konsequenzen für das Gesamtprojekt sind vorprogrammiert: Mehrdeutigkeiten, Missverständnisse und nicht selten *Misstrauen.* Feedback-Runden, Teamentwicklung oder Empowerment nützen in solchen Fällen nur wenig. Gerade im Projektmanagement sind die Anforderungen an wirksames Arbeiten besonders hoch, nachdem Projekte von Glaubwürdigkeit leben.

Klar zu unterscheiden sind prozessorientierte und resultatorientierte Ziele. Bei prozessorientierten steht die Tätigkeit im Zentrum, etwa »Vermarktungsunterlagen erstellen«. Dies ist eine rein innenbezogene Zielformulierung. Die Gefahr besteht darin, dass ein prozessbezogenes Ziel nie zu einem Ende kommt, weil die Leute permanent daran arbeiten. Ein resultatorientiertes Ziel bezieht sich nicht auf Tätigkeiten, sondern auf ein Ergebnis, etwa »Vermarktungsunterlagen sind beim Kunden verteilt«. Projektauftraggeber und Projektleiter sollen zwingend darauf achten, dass Ziele resultatorientiert formuliert sind.

Die nachfolgenden Beispiele zur Beurteilung von Projektzielen und zur Zielformulierung sind Werkzeuge zur Sicherstellung einer sauberen Zieldefinition.

Zielschärfung	Beispiel Einführung SAP

In einem internationalen Handelsunternehmen wird SAP eingeführt. Im ersten Schritt wurden die Applikationsnotwendigkeiten und die Anforderungen für die SAP Spezifikation geklärt. Testweise wurde das System in der Zentrale eingeführt. Im zweiten Schritt sollen die Niederlassungen an SAP angeschlossen werden.

Zielschärfung	Beurteilung

Ursprüngliches Ziel:

»SAP in Niederlassungen einführen«

- Kein Termin
- Rein prozessorientiertes Ziel
- Kein Resultat im Sinn des Nutzens

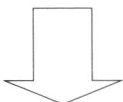

Erste »Schärfung« des Ziels:

»SAP ist bis 30.04. in allen Niederlassungen eingeführt.«

- Termin steht
- Prozessorientiertes Ziel bleibt bestehen: kein Nutzen und kein echtes Resultat für das Unternehmen

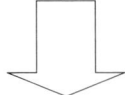

Zweite »Schärfung« des Ziels:

»Nach der erfolgreichen Einführung von SAP nutzen alle Niederlassungen die Prozess- und Produktivitätsvorteile von SAP ab 31.05.«

- Resultatorientiertes Ziel – bezogen auf den Nutzen für das Unternehmen
- Verlängerung des Termins, um Nachbesserungen nach Einführung am 30.04. zu erreichen

Beurteilung von Projektzielen	Werkzeug
Checkpunkte	**Beurteilung des eigenen Projektzieles**
S – spezifisch	
M – messbar	
A – aktiv beeinflussbar	
R – realistisch	
T – terminiert	

Beurteilung von Projektzielen	Beispiele

Nachfolgend finden sich einige Beispiele von *Zielformulierungen*. Mit SMART werden diese Ziele konsequent geprüft.

Ziel	Beurteilung
1. »Unser Ziel ist es, die Zufriedenheit der Kunden zu erhöhen.«	• Kein Termin • Keine Quantifizierung und kein Messverfahren: Was soll wie gemessen werden? • Keine Spezifizierung und Aktionsorientierung (Wie soll das erreicht werden?)
2. »Bis Ende November sind 80 % des Außendienstes geschult und können die neuen Leistungen am Markt vertreiben.«	• Klarer Endtermin (Ende November) • Eindeutiges Ergebnis • Messbar und nachvollziehbar (80 %) • Beeinflussbar (Schulungsmaßnahmen)
3. »Wir wollen in den nächsten zwei Jahren unsere Kosten senken – und zwar anders als die Wettbewerber.«	• Kein Termin (nur ein Zeitraum) • Keine Quantifizierung: Welche Kostenarten sollen um wie viel gesenkt werden? • Nicht spezifisch bzw. aktiv beeinflussbar: Mit welchen Maßnahmen sollen die Kosten gesenkt werden?
4. »Fünfzig Prozent der Sitzungszeiten sollen bis Ende des zweiten Quartals gestrichen sein.«	• Klarer Endtermin • Konkret im Sinn des Ergebnisses • Messbar • Aktiv beeinflussbar (wenige Sitzungen)
5. »Wir wollen mit diesem Projekt eine ganzheitliche, integrative und zukunftgerichtete Vorgehensweise etablieren.«	• Kein Endtermin • Kein Ergebnis, keine konkrete Aussage • Nicht messbar • Nicht aktiv beeinflussbar • Viele schöne Worte: ganzheitlich, integrativ, zukunftsgerichtet
6. »Der Internet-Auftritt bewirkt eine höhere Marktpräsenz und führt zu 30 % mehr Anfragen und 15 % mehr Umsatz.«	• Kein Endtermin • Konkret und spezifisch (Wirkung am Markt) • Messbar (30 % und 15 %) • Beeinflussbarkeit: Kann ein Kausalzusammenhang zwischen Internet und Umsatzwachstum hergestellt werden?

Zielformulierung	Werkzeug
Zieldimension	**Detaillierung des Zieles**

Zielformulierung	Beispiel Maschinenbau

Ein Maschinenbau-Unternehmen entwirft die Ziele für die Entwicklung einer neuen Abpackmaschine. Entwicklung und Einführung werden von einem interdisziplinären Projektteam durchgeführt. Die Leitung hat der Vertriebschef.

Zieldimension	Detaillierung des Zieles
1. Terminziele	• Markteinführung am 01.03.200x • Schulung des Verkaufspersonals und des technischen Außendienstes bis 31.01.200x
2. Marktziele	• Absatz pro Jahr: 300 Stück • Verkaufspreis: 2 % unter dem Durchschnitt der drei größten Anbieter • Vertriebsweg: bestehender in Europa, neu aufzubauen in Nafta (bis Ende Jahr)
3. Produktionsziele	• Freie Produktionskapazität für 320 Stück pro Jahr (mit Reserve für 350 Stück) • Montage und Inbetriebnahme: nur durch Hersteller (Festpreis für zwei Tage Montage und Inbetriebnahme)
4. F&E Ziele	• Entwicklung nur durch OEM • Einreichung der Patentierung bis Ende der Entwicklungszeit
5. Technische Ziele	• Verarbeitungsgeschwindigkeit: 15 – 20 % besser als bestehende Typen • Anpassung an unterschiedliche Gebinde: deutlich besser als heute (Abdeckungsgrad größer 80 %) • Halbautomatische Bedienung • Wartungsintervalle: alle 300 Maschinenstunden durch hausinternes Wartungspersonal, alle 3000 Maschinenstunden durch Hersteller • Energieverbrauch: 10 % geringer als der Schnitt der drei Sparsamsten im Wettbewerb • Sicherheitsvorschriften: In allen Ländern bis Ende des Jahres erfüllt und dekretiert
6. Finanzielle Ziele	• Investitionen maximal XY € • Payback-ratio: unter 5 Jahre

2. Zielvereinbarungen

Bei größeren und zeitlich längerfristigen Projekten empfiehlt es sich, die Projektziele in den *Zielvereinbarungen*[11] der Projektmitarbeiter einzubauen. Die Initiative hierfür muss vom Projektleiter kommen. Sollte der Projektmitarbeiter eine andere Führungskraft als disziplinarischen Vorgesetzten haben, so sind mit diesem Prozess und Inhalt der Zielvereinbarung abzuklären. Im Idealfall werden die Ziele mit den Mitarbeitern besprochen und festgelegt. Das schafft notwendiges *Vertrauen* und stellt sicher, dass sich alle einbringen können. Es kann aber auch Anlässe geben, bei denen ein Projektleiter ohne Einvernehmen mit allen Mitarbeitern Ziele festlegen muss (beispielsweise unter Zeitdruck oder in Notlagen). Gerade in solchen Situationen zeigt sich das Verantwortungsbewusstsein von Führungskräften. Bewährt hat sich das Festlegen der Projektziele und der Einbau in die Jahresziele idealerweise am Jahresanfang. Anschließend sind eine Standortbestimmung und eine *Leistungsbeurteilung* zwei- bis dreimal jährlich vorzunehmen.

Ziele und Zielvereinbarung sollen die Resultat- und Kundenorientierung eines Projektes verankern. Es geht ganz klar um eine Ergebnis- und nicht um eine Verhaltenssteuerung[12]. In beiliegender Checkliste sind die wichtigsten Punkte zusammengefasst.

Ziele und Zielvereinbarung   **Checkliste**

1. Es liegen nur wenige, dafür wichtige Ziele vor.
2. Die Ziele sind aus dem Projektauftrag abgeleitet.
3. Bei der Zielfindung und -vereinbarung sind die entscheidenden Mitarbeiter und Führungskräfte einzubeziehen.
4. Bevor Probleme/Herausforderungen nicht klar sind, werden keine Ziele vereinbart.
5. Ziele ziehen eindeutige Verantwortlichkeiten nach sich.
6. Ziele sind präzise formuliert nach »SMART«: **s**pezifisch im Sinn von »konkret«, **m**essbar, **a**ktionsorientiert/**a**bgeleitet, **r**ealistisch und **t**erminiert.
7. Die Ziele entsprechen den erforderlichen Mitteln (Ressourcen) und Maßnahmen.
8. Die Ziele sind verständlich und schriftlich formuliert. Strikt verboten sind: Schlagwörter, Allgemeinplätze, Fremdwörter und Anglizismen.
9. Ziele werden in der Organisation kommuniziert (Ausnahme: Geheimhaltungspflicht).
10. Der Stand der Zielerreichung wird zwei- bis dreimal jährlich im Vieraugengespräch geklärt. Am Jahresende erfolgt die Gesamtbeurteilung (Basis: Zielvereinbarung).
11. Sollte der Projektmitarbeiter einen anderen disziplinarischen Vorgesetzten haben, so sind Prozess und Inhalte der Projekt-Zielvereinbarung mit diesem zu klären.

Zielvereinbarung   **Werkzeug**

Zielvereinbarung

Projekt	
Projektleiter	
Projektmitarbeiter	
Zielvereinbarung vom	
Zwischengespräch	
Abschlussgespräch/-beurteilung	

Zielfelder und Beurteilung

Zielfeld	Ziele bis Projektende	erreicht bis	Beurteilung

Entwicklungsbedarf/notwendige Maßnahmen

Unterschrift Projektleiter	Unterschrift Projektmitarbeiter

Zielvereinbarung	Beispiel Software-Entwicklung

Ein Software-Unternehmen hat ein neues DV-Leistungspaket für Rechtsanwälte entwickelt. Im Rahmen dieses Entwicklungsprojektes lautet eine Hauptphase »Software bei ausgewählten Schlüsselkunden testen und ggf. optimieren«. Dieser für das Gesamtprojekt erfolgsentscheidende Schritt wird in der Zielvereinbarung für den betreffenden Projektmitarbeiter dargestellt. Am 30.04. findet das zweite Zwischengespräch statt.

Zielvereinbarung

Projekt	DV-Leistungspaket für Rechtsanwälte
Projektleiter	B. Novak
Projektmitarbeiter	W. Karstens
Zielvereinbarung vom	15.01.
Zwischengespräch	28.02.
Abschlussgespräch/-beurteilung	30.06.

Zielfelder und Beurteilung

Zielfeld	Ziele bis Projektende	erreicht bis	Beurteilung
Auswahl von Testkunden	• Auswahl von 6–10 Testkunden • schriftliche Vereinbarungen	31.01.	erreicht
Testbetrieb I	• Aufnahme Testbetrieb • Testung schwieriger Situationen und anspruchsvoller Module • Fehlerliste	31.03.	erreicht
Optimierung	• Optimierung definierter Module • Freigabe	30.04.	erreicht
Testbetrieb II	• Aufnahme Testbetrieb bei optimierten Modulen • Ggf. erneute Fehlerliste und ggf. erneute Optimierung	31.05	
Freigabe an den Vertrieb	• Endgültige Freigabe • Klärung Schulungsbedarf aufgrund veränderter Module	30.06.	

Entwicklungsbedarf/notwendige Maßnahmen

• Frühzeitige Information und Planung der Schulung des Vertriebs aufgrund veränderter Module (bis 10.05.)

Unterschrift Projektleiter	Unterschrift Projektmitarbeiter

2.4 Projektbeteiligte und Projektkunden

Projektmanagement bedeutet, dass viele unterschiedliche Personen auf begrenzte Zeit zusammenarbeiten und Ergebnisse erreichen wollen[13]. Schon ab Projektstart sollte allen beteiligten Personen und Institutionen klar sein, worin ihr Beitrag für das Projektziel besteht. Gutes Projektmanagement ist so gut wie die Menschen, die mitarbeiten. Darum lohnt es sich, die verschiedenen Personen und vor allem die verschiedenen Aufgaben anzuschauen, die zum Erfolg des Projektes beitragen.

1. *Projektauftraggeber bzw. Projektsteuerungsausschuss,*
2. *Projektleiter,*
3. *Projektmitarbeiter,*
4. *Externe Experten und Vertreter von Institutionen,*
5. *Projektkunde*

Jede beteiligte Person oder Gruppe leistet einen Beitrag und hat Ansprüche (In der neueren Literatur werden diese als »Stakeholder« bezeichnet). Das Wichtigste besteht darin, dass im Vorfeld Aufgaben, Kompetenzen und Verantwortlichkeiten klar geregelt sind.

1. Projektauftraggeber bzw. Projektsteuerungsausschuss

Der Auftraggeber gibt offiziell ein Projekt in Auftrag und nimmt das Ergebnis ab. Beides geschieht mit seiner Unterschrift. Der Auftraggeber arbeitet nicht operativ im Projekt mit und leitet dieses auch nicht (das ist der Job des Projektleiters). Die Aufgabe des *Projektauftraggebers* ist es, das Projekt nach oben und nach außen zu vertreten und sich hin und wieder über den Stand der Planung oder der Umsetzung zu informieren. Seine wichtigste Verantwortung besteht darin, dass am Projektende der Kundennutzen – also das Projektergebnis – vorliegt. Der Projektauftraggeber »haftet« somit für den Projektzweck. Die Funktion eines Projektauftraggebers kann ebenso durch ein Gremium erfolgen, z.B. durch einen Steuerungsausschuss. Sichergestellt werden muss aber, dass letztendlich eine konkrete Person als Auftraggeber verantwortlich bleibt[14].

2. Projektleiter

Er ist die wichtigste Voraussetzung für den Projekterfolg. Seine Verantwortung besteht darin, für Ziele zu sorgen, die Aufgaben der Projektmitarbeiter zu gestalten, das Projekt zu organisieren, Entscheidungen zu treffen und im Projekt zu kontrollieren, zu messen und zu beurteilen. Der *Projektleiter* trägt die operative Verantwortung für das Projektergebnis. Wirksame Projektleiter können sehr viel an Projektmitarbeiter delegieren – außer der Verantwortung für das Projektergebnis. In kleinen Projekten kann der Projektleiter auch der Projektauftraggeber sein. Ansonsten empfiehlt sich aber eine klare Trennung der Funktionen.

3. Projektmitarbeiter

Sie erfüllen die Funktionen von Projektschriftführern, Projektcontrollern, Projekt-sprechern und natürlich von Projektarbeitern[15]. Sie alle sorgen für die operative Umsetzung und stellen das Projektteam im engeren Sinn dar. Projektauftraggeber, Projektleiter, externe Experten oder Vertreter von Institutionen sorgen für die Konzeption und für die gemeinsame Zielsetzung im Projekt. Die eigentliche Arbeit erledigen jedoch die *Projektmitarbeiter*. Gerade darum bedarf es der klaren Aufgabenteilung im Projekt und einer transparenten Projektorganisation. Mit Hilfe des Funktionendiagramms wird eine solche Projektorganisation erarbeitet und optisch durch ein Organigramm dargestellt. Die Projektmitarbeiter sind in jedem Fall für die Ergebnisse innerhalb ihres Aufgabenbereiches dem Projektleiter verantwortlich.

4. Externe Experten und Vertreter von Institutionen

Bei komplizierten und thematisch anspruchsvollen Projekten müssen immer wieder sogenannte externe *Experten* zu Rate gezogen werden. Sie bringen als Spezialisten für Sachthemen das notwendige Know-how in das Projekt ein. Dies entbindet allerdings einen Projektleiter nicht von der Verantwortung für das Projekt. Ein externer Experte kann beraten, die Entscheidungen trifft aber nur der Projektleiter.

Vertreter von Institutionen sind je nach Projektcharakter einzubeziehen. Ein Projekt schwebt nicht im luftleeren Raum, sondern bindet betroffene *Institutionen* mit ein: Unternehmungen, Verbände, Gebietskörperschaften, Vereine. Diese Institutionen »sprechen« durch konkrete Personen, die sie vertreten. Gerade hier ist die Klärung von zwei Fragen besonders wichtig:

- Welches Interesse hat die jeweilige Institution (und ihr Vertreter) am Projekt?
- Wie passt das Projekt zur Institution, zu ihrem Auftrag, zu ihrem Selbstverständnis, zu ihrer Geschichte?
- Worin besteht der Beitrag einer solchen Institution und ihrer Vertreter für das Projekt?
- Wie müssen die Vertreter eingebunden werden?

Die Vertreter von Institutionen halten Kontakt zwischen dem Projekt und ihrer Institution. Institutionen und deren Vertreter können einen hervorragenden Beitrag für das Projekt leisten. Dieser Effekt stellt sich aber nicht automatisch ein. Die Beiträge sind zu definieren, zu vereinbaren und die Umsetzung zu organisieren.

5. Projektkunde

In der klassischen Projektorganisation finden sich Projektauftraggeber, Projektleiter, Projektmitarbeiter, gegebenenfalls noch die externen Experten oder Vertreter von Institutionen. Die wichtigste Person fehlt aber in fast allen Organigrammen – der *Projektkunde*. Der Zweck des Projektes richtet sich am Projektkunden aus[16]. Er muss darum die Möglichkeit haben, seine Anforderungen und Vorstellungen möglichst früh in das Projekt einzubringen. Spätestens am Ende des Projektes entscheidet der Projektkunde, ob das Ergebnis seinen Erwartungen entspricht oder nicht.

Projektbeteiligte und Projektkunden	Checkliste

1. Projektauftraggeber (bzw. Projektsteuerungsausschuss)
- Projekt in Auftrag geben und Projektleiter benennen
- Fällen von Meilenstein-Entscheiden (Freigabe, Weiterarbeit, Projektabschluss)
- Unterstützung des Projektes/Projektleiters gegenüber der Linie und innerhalb der Organisation
- Projektergebnis abnehmen
- Projektergebnis/Kundennutzen verantworten
- Projekt nach oben und nach außen vertreten

2. Projektleiter
- für Ziele sorgen
- Aufgaben der Projektmitarbeiter gestalten
- Projekt organisieren
- Entscheidungen treffen
- im Projekt kontrollieren und beurteilen
- Projektergebnis verantworten

3. Projektmitarbeiter
- arbeiten und umsetzen (Aufgabenpakete)
- Ergebnisse innerhalb ihres Kompetenzbereiches umsetzen und verantworten
- einen Beitrag für das »Ganze« leisten, d.h. das Projekt über den eigenen Aufgaben- und Verantwortungsbereich hinaus vertreten

4. Externe Experten
- notwendiges fachliches Know-how einbringen
- im Projekt beraten (aber nicht entscheiden)

5. Vertreter von Institutionen
- Kontakt zwischen dem Projekt und der jeweiligen Institution halten
- einen produktiven Beitrag für das Projekt leisten

6. Projektkunde
- frühzeitig Erwartungen und Vorstellungen (d.h. seinen Kundennutzen) in das Projekt einbringen
- Feedback einbauen/Kundennutzen zurückspiegeln
- Projektergebnis/Resultat beurteilen

Alle Personen und Institutionen sind in das Projekt einzubeziehen – z.B. schon in die Projektplanung. Die Wahrscheinlichkeit für die Umsetzung der Maßnahmen ist um ein Vielfaches höher, wenn die Umsetzer bereits bei der Ausarbeitung der Pläne dabei sind. Wichtig ist auch eine möglichst frühzeitige Festschreibung der *Aufgaben, Kompetenzen und Verantwortlichkeiten* der beteiligten Personen. Alle Beteiligten sollen genau wissen, worin ihr spezifischer Beitrag zur Erreichung des Projektzieles besteht. Dann kann ein Projekt produktiv sein und wesentlich mehr zustande bringen als die Summe der einzelnen Personen und Institutionen.

Projektbeteiligte und Projektkunden	Werkzeug
Auftraggeber	
Aufgaben, Kompetenzen und Verantwortung	
Projektleiter	
Aufgaben, Kompetenzen und Verantwortung	
Projektmitarbeiter	
Aufgaben, Kompetenzen und Verantwortung	

Externe Experten	
Aufgaben, Kompetenzen und Verantwortung	
Vertreter von Institutionen	
Aufgaben, Kompetenzen und Verantwortung	
Projektkunden	
Aufgaben, Kompetenzen und Verantwortung	

Projektbeteiligte und Projektkunden	**Beispiel Kooperation**

In einer Kooperation haben ein Bahnbetreiber, ein Lebensmittelhändler und ein Detaillist ein gemeinsames Projekt für kleine Shops erarbeitet. Nachdem der Projektauftrag geschrieben war, sind die Aufgaben, Kompetenzen und Verantwortlichkeiten der Beteiligten kurz zusammengefasst worden.

Auftraggeber	• Als Gremium »Entscheidungsausschuss«: Krohn (Bahnbetreiber), Ott (LEH), Werner (Detaillist) • Vorsitz: Krohn
Aufgaben, Kompetenzen und Verantwortung	• Projekt in Auftrag geben (Unterschrift im Projektauftrag) • Ziele vorgeben • Projektergebnis abnehmen • Vertretung des Projektes in den jeweiligen »Mutter-Organisationen«
Projektleiter	• Hofbauer (Sekretariat PL: Fr. Bauer)
Aufgaben, Kompetenzen und Verantwortung	• Ziele der Auftraggeber in Teilziele und Arbeitspakete übersetzen • Projektauftrag formulieren • Aufgaben, Kompetenzen und Verantwortlichkeiten der Projektmitarbeiter festlegen • Projektorganisation bereitstellen (Sekretariat, Projektbüro, Infrastruktur) • Hauptverantwortung für: Controlling, Ressourcenplanung, Kommunikation nach innen und außen
Projektmitarbeiter	• Senn, Becker, Möller, Blücher
Aufgaben, Kompetenzen und Verantwortung	• Generell: Ergebnisse gemäß Arbeitspakete und Funktionendiagramm umsetzen und verantworten • Senn: verantwortlich für Vertrieb und Vermarktung • Becker: verantwortlich für die bauliche Abwicklung • Fr. Möller: verantwortlich für die DV/Infrastruktur • Blücher: verantwortlich für die Lagerung/Logistik
Externe Experten	• Beratungsunternehmen XY (Leitner) • pro Gemeinde: Wirtschaftsausschuss- und Raumordnungs-Vorsitzende
Aufgaben, Kompetenzen und Verantwortung	• Unterstützung bei der Erstellung des Businessplanes • Umsetzungsbegleitung im Rahmen definierter Aufgaben • Fachberatung bei Raumordnungsfragen

Vertreter von Institutionen	• Gemeinden der geplanten Shops
Aufgaben, Kompetenzen und Verantwortung	• Beitrag der Gemeinden: Beschleunigte Bau- und Umbaugenehmigungsverfahren, Unterstützung in der Vermarktung (»für die Nahversorgung«, »für unsere Pendler«), Bereitstellung von Parkplätzen • Steuerung durch Hofbauer und Becker
Kunden	• Konsumenten LEH: täglicher Einkauf von 05.30 bis 22.00 • Gemeinde: gesicherte Nahversorgung, Attraktivität für Pendler • Politiker der Gemeinde: gutes Argument für den eigenen Wahlkampf • Pendler: Versorgung, Einkauf am Abend • Bahnbetreiber: steigende Attraktivität für Bahnhof • LEH-Unternehmen und Detaillist: zusätzlicher Umsatz in umsatzschwachen Regionen
Aufgaben, Kompetenzen und Verantwortung	• Konsumenten LEH generell: Beurteilung des Angebots (Kaufentscheid, Feedbackbögen…) • Politiker der Gemeinde: Prüfung des Beitrags des Projektes zur Hebung der Gemeindeattraktivität • Pendler: Beurteilung des Angebots (Kaufentscheid, Feedbackbögen…) • Bahnbetreiber: Prüfung der Umsatzwirkung auf Bahnreisen • LEH-Unternehmen und Detaillist: Prüfung der Umsatzwirkung

2.5   Projekt-Netzwerke und Schnittstellen

Fast alle Projekte sind heute mehrdimensional geworden und schwierig zu planen. Zu allem Überfluss haben die beteiligten Personen und Gruppen unterschiedliche Interessen und Vorstellungen von den »gemeinsamen« Zielen. Mit anderen Worten: Die Wirklichkeit in Projekten erfordert professionelle Führung. In diesem Zusammenhang fallen gerne Wörter wie »vernetztes Denken«, »Netzwerk-Bildung«, »virtuelles Arbeiten«, »net-working«, »interface-management«, »ganzheitlicher Ansatz«. Der Kern dieser Begriffe kreist immer um »Netzwerke« und »Komplexität«. Gerade professionelle Projektarbeit muss sich mit dieser Wirklichkeit auseinandersetzen, um überhaupt Ergebnisse erzielen zu können[17]. Es geht dabei im Wesentlichen um zwei Themen:
1. *Projekt-Netzwerke,*
2. *Projekt-Schnittstellen.*

1. Projekt-Netzwerke

Jeder, der Projekte verantworten muss, hat schon genügend Erfahrungen mit komplizierten Situationen gemacht. Die folgenden Beispiele stammen aus der Praxis und bilden nur einen Ausschnitt aus der »vernetzten« Projektarbeit:

- Beispiel eins: Sieben Personen arbeiten an einem Projekt in einem Unternehmen mit. Die ersten beiden sind mit halber Sache dabei, obwohl ihr Fachwissen sehr wichtig ist. Die dritte Person verfolgt mit dem Projekt nur persönliche Ziele. Die Vierte ist nicht teamfähig und bestenfalls als »Einzelkämpfer« einzusetzen. Eine Fünfte ist zu Beginn Feuer und Flamme für das Projekt, zieht sich nach den ersten Problemen aber zurück. Nur die sechste und siebte Person arbeiten auf das Projektziel hin. Es gibt keinen Projektleiter, alle sieben Personen tragen gemeinsam die Verantwortung.
- Beispiel zwei: Ein Projektleiter produziert eine gute Idee nach der anderen und setzt nicht konsequent um. Die Projektmitarbeiter wissen daher nie, woran sie sind. Erschwert wird die Situation noch dadurch, dass der Projektleiter ständig Kreativität und Eigenständigkeit fordert, ihm aber nie etwas recht ist und er »die Sache ganz anders gemeint hat« als ursprünglich besprochen.
- Beispiel drei: Bei einem größeren Projekt sind zahlreiche Unternehmen, Vereine und Gemeinden eingebunden. Es gibt ein Projektkernteam mit fünf Personen, zwei Projektleitern und acht freiwilligen Mitarbeitern. Alle klagen darüber, dass die Ergebnisse nur sehr langsam erzielt werden und mehr Koordinationssitzungen als Projektarbeit geleistet werden.

Die Beispiele sind charakteristisch dafür, wie schwer es ist, unter »vernetzten« Bedingungen zu arbeiten. Dieser Zustand kann beklagt oder begrüßt werden. Fest steht, dass nur eine Vereinfachung dieser Zustände die erwünschten Projektresultate bringt und nicht das Weben von zusätzlichen Netzen, Beziehungen und Schnittstellen.

Wenn das Umfeld kompliziert ist und »vernetztes« Denken verlangt, stellt sich die Frage der möglichen Vereinfachung. Nur so besteht die Chance, ein Projekt zu steuern. In erfolgreich umgesetzten, vernetzten Projekten zeigen sich dieselben Anknüpfungspunkte:

- Die Ziele sind klar und transparent. Alle Beteiligten kennen diese Ziele und tragen sie mit.
- Es gibt »Kunden« des Projektes. Alles arbeitet darauf hin, dass diese »Kunden« letztlich auch die Nutznießer des Projektes sind.
- Der *Projekterfolg* wird nicht daran gemessen, was der Projektleiter oder die Projektmitarbeiter meinen oder wie viel Zeit sie im Projekt verbringen, sondern einzig am Nutzen für die Kunden und an den Resultaten.
- Die Organisation des Projektes ist überschaubar gestaltet. Jeder findet problemlos den gewünschten Ansprechpartner.
- Aufgaben, Kompetenzen und Verantwortung sind eindeutig festgelegt. Das gilt insbesondere auch für die Aufgabenteilung zwischen Projektleiter und Projektmitarbeitern.
- Die Projektmitarbeiter kennen ihre Aufgaben und können auf Ergebnisse hinarbeiten, ohne dass bei jeder Gelegenheit wieder »alles ganz anders« ist.
- Sitzungen werden wirksam geleitet. Das Ziel von Sitzungen sind Entscheidungen und das Festschreiben von Maßnahmen.
- Es ist allen klar, worin der Nutzen von Netzwerken, Beziehungen und Schnittstellen besteht. Mit Netzen wird nur dann gearbeitet, wenn es einen erkennbaren Mehrwert für das Projekt und für die Kunden gibt.

Sind mehrere Partner im *Netzwerk* verbunden, entstehen zahllose Schnittstellen. Diese multiplizieren sich noch mit dem Grad der Interaktion zwischen diesen Partnern. Früher oder später kommt es dann zu Mehrdeutigkeiten, unklaren Kompetenzen, Koordinationssitzungen, Frustration und schließlich innerer Distanz zum Projekt. Um so etwas zu vermeiden, sind die Aufgaben, Kompetenzen und Verantwortlichkeiten der Partner präzise zu regeln[18], z.B. mit einem Funktionendiagramm. Die einzelnen Beiträge und Verantwortlichkeiten können dann mit einem *Auftragsblatt* zusammengefasst werden. Pro beteiligter Person (»Partner«) wird der Beitrag[19] im Projekt in Resultatform definiert und – wo immer möglich – mit einem Termin versehen. Mit diesem Instrument entstehen aus Absichten klare Verpflichtungen. Das Auftragsblatt eignet sich für folgende Anwendungen: Insbesondere in der Zusammenarbeit mit verschiedenen Organisationseinheiten (Bereiche, Funktionen, Regionen...) sind die Beiträge genau zu klären und zu vereinbaren, weil ansonsten die Gefahr groß ist, dass nichts erledigt wird. In der Zusammenarbeit mit externen Organisationen dient das Auftragsblatt unter anderem als Grundlage von Angebotslegung, Leistungsüberprüfung und Rechnungsstellung. Bei größeren Aufgaben ist das Auftragsblatt entsprechend zu detaillieren. Eine Detaillierungsform wäre etwa ein eigener Projektauftrag pro externer Organisation oder pro Leistungspaket.

Das Auftragsblatt ist notwendig, um vernetzte Strukturen und Situationen nutzen zu können. Werden Netzwerke sinnvoll eingesetzt, sind sie ein enormes Potenzial an Leistung, Informationen, Kontakten und *Produktivität*.

Wer in komplexen und vernetzten Strukturen effektiv sein will, muss sehr hohen Anforderungen gerecht werden. Diese Situation verlangt normalerweise einen übermäßig hohen zeitlichen Einsatz, gute Nerven, viel Toleranz und eine dicke Haut. Daher gibt es nur zwei Möglichkeiten: Netzwerke, Beziehungen und Schnittstellen zu vermeiden oder professionell zu nutzen. In der Literatur und leider auch in der Praxis kann eine gewisse »Netzwerk-Romantik« beobachtet werden. Sie besagt, dass einer komplizierten Wirklichkeit mit ebenso komplizierten Projekten begegnet werden muss. Gerade das Gegenteil ist aber der Fall. Erfordern Projektaufgabe, beteiligte Gruppen und Ziele vernetztes Denken und Handeln, dann kann es nur eine Antwort durch das Projektmanagement geben: Alles, soweit möglich, zu vereinfachen und komplizierte Netze zu vermeiden. Viel wichtiger als das Netzwerk ist das Handwerkszeug guter Projektarbeit.

Auftragsblatt			Werkzeug
Partner/ verantw. Person	Beitrag/Leistung (»sorgt für...«)	Termin	Bemerkung

Auftragsblatt			**Beispiel Bauindustrie**

In einem Baukonzern mit getrennt operierenden Geschäftseinheiten wurde ein Projekt »Vermeidung von Risiken« durchgeführt. Die Beiträge der einzelnen Partner (Geschäftseinheiten) sind mit folgendem *Auftragsblatt* zusammengefasst worden.

Partner/ verantw. Person	Beitrag/Leistung (»sorgt für...«)	Termin	Bemerkung
GU (General-Unternehmer): Scholz	• Konsequente Bonitätsprüfung des Auftraggebers	31.05.	• Bonitätsprüfung gemeinsam mit Bank
	• Einschluss von Nachträgen im Vertrag	31.05.	
	• Zwingende Terminprüfung der Subunternehmer	31.05.	
	• Übertragung der Baugrundrisiken auf Bauherren	30.06.	• Siehe Mustervertrag »Projekt Austraße«
	• Durchsetzung besserer Zahlungspläne	30.06.	• Vgl. Zahlungsplan »Projekt Bergstraße«
PE (Projekt-Entwicklung): Weinberger	• Strukturierter Ressourceneinsatz bzw. Vermeidung Bauleiterwechsel	31.05	• Ressourcen-Planung gem. P-Vorschrift 04-01
	• Frühzeitige Einholung von Lärmschutz- und Bodengutachten	31.05.	
	• Klare Markteinschätzung im Vorfeld (Mieterstruktur)	30.06.	• Markteinschätzung: vgl. »Projekt Isenheimerstr.«
	• Verrechnung nach Aufmaß	30.06.	• Vgl. »Projekt Schillerstraße«
BT (Bauträger): Eller	• Bessere Analyse eingehender Planungen	31.07.	• Vermeidung des Falles »Talstraße« • Analyse gem. P-Vorschrift 12-02
	• Prüfung der Grundstücks-Kaufverträge durch Experten	31.07.	
	• Nur mehr direkter Grundstückskauf	31.07.	

2. Projekt-Schnittstellen

Die Projekt-Schnittstellenanalyse[20] dient dem Aufzeigen und der Gestaltung von Beziehungen zwischen dem Projekt und Linienfunktionen oder -bereichen. In einem ersten Schritt sind die wichtigsten Aufgabenpakete in den Zeilen darzustellen. Quelle hierfür ist etwa der Projektauftrag oder der Projektbalkenplan. Im zweiten Schritt sind die wichtigsten *Linienfunktionen* und -bereiche pro Spalte anzugeben. Auswahl und Detaillierungsgrad hängen sehr stark von der Organisationsgröße und von der Branche ab. Diese Vergegenwärtigung führt an sich schon zu einer Sensibilisierung bei den Teilnehmern einer solchen Analyse. Pro Aufgabenpaket des Projektes wird die jeweilige Wirkung auf die einzelnen Linienorganisationen angegeben. Die Beurteilung selber kann in Form von Kürzeln erfolgen, etwa mit Plus-, Null-, Minuszeichen oder mit anderen Symbolen (Blitze, Ampeln). In einer Legende empfiehlt es sich, jedes Feld und vor allem jede Bewertung kurz zu kommentieren. Der wichtigste Punkt ist anschließend ein Themenspeicher mit Vorschlägen zur Umsetzung und zur Optimierung.

Für einen solchen Schnittstellen-Workshop sind in etwa zwei bis vier Stunden anzusetzen. Es sollen diejenigen Mitarbeiter einbezogen werden, die einen echten Beitrag leisten und die Linienorganisation und das Projekt gut kennen. Die Resultate können dann direkt in die Phase der Projektplanung einfließen.

Schnittstellenanalyse						Werkzeug
Wirkung auf ↗						
	1.1	1.2	1.3	1.4	1.5	1.6
	2.1	2.2	2.3	2.4	2.5	2.6
	3.1	3.2	3.3	3.4	3.5	3.6
	4.1	4.2	4.3	4.4	4.5	4.6
	5.1	5.2	5.3	5.4	5.5	5.6
	6.1	6.2	6.3	6.4	6.5	6.6

Legende	+ ... positive Wirkung (gemeinsame Aktivität)	0 ... neutrale Wirkung (keine Aktivität)	- ... negative Wirkung (Konflikte, Widersprüche)

Feld	Wirkung	Maßnahme (Vorschlag)

Schnittstellenanalyse						**Beispiel Vertrieb**

In einem Projekt zur Erschließung einer neuen Vertriebsregion wird eine Schnittstellenanalyse durchgeführt. Dargestellt werden die Auswirkungen der einzelnen Arbeitspakete des Projektes auf die Linienorganisationen.

Wirkung auf ↗	Einkauf	Produkt-Entwickl.	Logistik	Leistungs-erstellung	Vertrieb	...
Markt-Potenzial-Analyse	1.1 0	1.2 0	1.3 0	1.4 0	1.5 +	...
Kooperat.-Analyse	2.1 +	2.2 +	2.3 0	2.4 0	2.5 +	...
Aufbau Nieder-Lassung	3.1 0	3.2 0	3.3 +	3.4 0	3.5 +	...
Gestaltung Lager	4.1 0	4.2 0	4.3 –	4.4 0	4.5 +	...
...	...	...	...	...	...	

Legende	+ ... positive Wirkung (gemeinsame Aktivität)	0 ... neutrale Wirkung (keine Aktivität)	- ... negative Wirkung (Konflikte, Widersprüche)

Feld	Wirkung	Maßnahme (Vorschlag)
2.1 Kooperations-Analyse und Einkauf	• Gemeinsame Vorgehensweise bzgl Teilebezug aus der Region • Ggf. Aufnahme regionaler Lieferanten in den Verbund ...	• Erstellung eines groben Beschaffungsplans • Listung der Lieferanten aus der Region • Prüfung der Aufnahme regionaler Lieferanten in den Verbund ...
...	...	...

Literatur

1 Vgl. *Kerzner, H.*, Project Management – A Systems Approach to Planning, Scheduling and Controlling, New York 2001, S. 573 ff.

2 Vgl. *Van Onna, M.*, Progress in Changing Environments, in: Proceedings pm tage 98.

3 *Leist, R.*, Qualitätsmanagement, Augsburg 1996, Kap. 2/8.4.1.

4 *Hansel, J./Lomnitz, G.*, Projektleiter-Praxis, Berlin 2000, S. 93.

5 Vgl. *Mantel, S./Meredith, J.*, Project Management – A Managerial Approach, New York 2000, S. 203.

6 *Kerzner, H.*, Project Management – A Systems Approach to Planning, Scheduling and Controlling, New York 2001, S. 573ff.

7 Vgl. *Malik, F.*, malik on management m.o.m.®-letter, Nr. 04/94.

8 *Gareis, R.* (Hrsg.), Projektmanagement im Maschinen- und Anlagenbau, Wien 1991, S. 262.

9 *Patzak, G./Rattay, G.*, Projektmanagement – Leitfaden zum Management von Projekten, Projektportfolios und projektorientierten Unternehmen, Wien 1997, S. 92.

10 *Burghardt, M.*, Projektmanagement – Leitfaden für die Planung, Überwachung und Steuerung von Entwicklungsprojekten, Berlin-München 1993, S. 42 ff.

11 Vgl. *Malik, F.*, Führen Leisten Leben. Wirksames Management für eine neue Zeit, Stuttgart-München 2000, S. 174 ff.

12 Vgl. *Drucker, P.*, Die ideale Führungskraft. Die hohe Schule des Managers, Düsseldorf 1995, S.15 ff.

13 *Briner, M./Geddes, M./Hastings, C.*, Project Leadership, Cambridge 2001, S. 93 ff.

14 *Hansel, J./Lomnitz, G.*, Projektleiter-Praxis, Berlin 2000, S. 25.

15 Vgl. *Kerzner, H.*, Project Management – A Systems Approach to Planning, Scheduling and Controlling, New York 2001, S. 186.

16 Vgl. die Bedeutung des Kunden in: *Drucker, P.*, Sinnvoll wirtschaften. Notwendigkeiten und Kunst, die Zukunft zu meistern, Düsseldorf-München 1997, S. 148.

17 Vgl. *Malik, F.*, Management Perspektiven, Bern-Stuttgart-Wien 1994, S. 204.

18 *Patzak, G./Rattay, G.*, Projektmanagement – Leitfaden zum Management von Projekten, Projektportfolios und projektorientierten Unternehmen, Wien 1997, S. 160.

19 *Drucker, P.*, Die ideale Führungskraft. Die hohe Schule des Managers, Düsseldorf 1995, S. 87.

20 Vgl. *Becker, J.*, Prozessmanagement, Berlin 2003, S. 231.

Projekte und Management

Projektstart und
Projektauftrag

⟵

**Projektanalyse und
Projektplanung**

⟵

Projekt-
steuerung
und
Multi-
Projekt-
Management

Projektumsetzung und
Projektabschluss

⟵

3 Projektanalyse und Projektplanung

3.1 Situationsanalyse und SWOT

Die inhaltliche Arbeit in einem Projekt beginnt mit einer Analyse[1]. Viele Menschen verbinden mit »Analyse« zeitraubendes Schattenboxen, sinnloses Füllen von Ordnern oder akademische Spielwiesen von Beratern. In nicht wenigen Projekten kommt das alles leider vor und es ist frühzeitig abzustellen. Trotzdem oder gerade deswegen beharren die wirklich guten Projektleiter auf dem genauen Durchdenken der Ausgangslage und auf der Beurteilung der Situation. Ob sie das »Analyse« nennen, ist zweitrangig. Wichtig sind die Ergebnisse: eine Einschätzung der Startbedingungen und die wirklich wichtigen Herausforderungen für das Projekt. Erst wenn hier Klarheit herrscht, kann ein Projekt geplant und umgesetzt werden.

Die methodische Vielfalt an *Analyseinstrumenten* ist unendlich und ebenso groß ist der Grad der Verwirrung, die diese Instrumente häufig stiften. Für eine robuste Analyse bieten sich zwei wirksame Hilfsmittel an. Nachfolgend werden beide Instrumente beschrieben und mit Beispielen unterlegt.
1. *Situationsanalyse/Analyse der Ausgangslage,*
2. *SWOT/Herausforderungen für das Projekt.*

1. Situationsanalyse/Analyse der Ausgangslage

Für eine solche Analyse werden zunächst alle Faktoren erarbeitet, welche die Situation und die *Ausgangslage* beschreiben: ökonomische, gesellschaftliche, politische, technologische und ökologische[2]. Bei der Aufzählung dieser Faktoren ist es wichtig, die betroffenen Personen und Organisationen einzubeziehen. Es gibt beispielsweise keine ökonomischen Faktoren an sich, sondern nur konkrete Personen, Gruppen oder Unternehmungen, welche diese Faktoren beurteilen. Als nächstes wird zu jedem Faktor die Frage gestellt: »Was bedeutet das für das Projekt?« Es geht um die Erkenntnisse und Schlussfolgerungen aus den einzelnen Faktoren. Als Letztes werden daraus konkrete Maßnahmen abgeleitet. Vielfach werden nur Ideen oder grob umrissene Lösungsvorschläge vorliegen, die in einen Themenspeicher gegeben werden können. Maßnahmen und Themenspeicher sind dann in die Projektplanung einzubeziehen.

Situationsanalyse/Ausgangslage			Werkzeug
Nr.	Situation/Ausgangspunkt	Konsequenzen für das Projekt	Maßnahmen/ Themenspeicher

Situationsanalyse/Ausgangslage	Beispiel Immobilien

In einem Immobilienunternehmen wurde ein Strategieprojekt gestartet. Dazu ist in der Analysephase eine Umfeld-, Wettbewerbs- und Unternehmensanalyse durchgeführt worden. Das Arbeitsblatt für den Umfeldfaktor »Entwicklungen im immobilienrelevanten Dienstleistungssektor« sieht wie folgt aus:

Nr.	Situation/Ausgangspunkt	Konsequenzen für das Projekt	Maßnahmen/ Themenspeicher
1.	Zunahme der DL: • Verselbständigung von DL (vor allem konzerninterne DL) • Entstehung neuer DL-Felder (Monitoring, FM)	• Chancen für Nischenleistungen • Genauere Untersuchung der einzelnen DL (Umsätze, Profitabilität)	• Klärung der Vermarktung von internen DL (Entwicklung von Geschäftsplänen)
2.	Konzentration der DL: • Branchentypische Entwicklung (vgl. Medien/Banken) • Hoher Druck durch Konkurrenz	• Gefahr für Aufbau von DL	• Kooperation mit DL-Anbieter unter Einbezug des eigenen Know-how • »Ausweichen« in das Umland der Metropolen
3.	Änderungen der Präferenzen bzgl. Fläche	• Zunehmende Nachfrage nach Kombi-Büroflächen • Anpassung der Flächenkonfiguration	• Planung neuer Flächen unter Einbezug späterer Neukonfiguration • Modularisierung der bestehenden Büroimmobilien
4.	Konsolidierung im DL-Sektor selbst (Medien, Biotech, »e«)	• Sinkende Nachfrage nach Büroflächen in peripheren Lagen • Große Volatilität in Preis und Nachfrage in der Peripherie • Konstante Nachfrage nach Top-Lagen	• Konzentration auf 1a- und 1b-Lagen • Bereinigung des Büro-Portfolios gem. Plan • antizyklisches Investitionsverhalten in der Peripherie
5.	Demographie: Zunahme der »Altersimmobilie« mit verbundenen DL	• Zunahme dieses Marktes jetzt schon spürbar	• Einstieg in dieses Segment gem. Plan »Residence 2010« • Konzentration des Mietportfolios

2. SWOT/Herausforderungen für das Projekt

Mit Hilfe einer *SWOT* können die wesentlichen Fragestellungen und Herausforderungen in einem Projekt erarbeitet werden. SWOT ist ein mittlerweile gängiges englisches Kürzel und leitet sich ab aus:

- strengths – Stärken,
- weaknesses – Schwächen,
- opportunities – Chancen,
- threats – Gefahren.

In der Erarbeitung werden als erstes die eigenen Stärken und Schwächen besprochen und festgehalten. Stärken und Schwächen beziehen sich auf das eigene Projekt. Dann sind Chancen und Gefahren zu analysieren, die aus dem Umfeld kommen. Das Wichtigste sind die *Herausforderungen* für das Projekt, die aus der SWOT abgeleitet werden[3]:

- Welche Konsequenzen ergeben sich für das Projekt?
- Wie werden heutige oder künftige Konkurrenten bei den einzelnen Punkten eingeschätzt?
- Auf welche Elemente der SWOT muss besonders eingegangen werden?

Der Umfang von SWOT und Herausforderungen sollte im Idealfall nicht eine Seite übersteigen. Eine SWOT ist ein Darstellungsinstrument. Wird viel Information verarbeitet, kann zu den einzelnen Punkten in der SWOT ein Anhang gestalten werden. Die SWOT/Herausforderungen begleiten ein Projekt durch alle Phasen, weil an dieser Stelle die wichtigsten Fragestellungen zusammengefasst sind.

Am Projektende kann ein einfacher Check gemacht werden, ob im Laufe des Projektes auf die einzelnen Punkte der SWOT und Herausforderungen Antworten gefunden wurden, oder ob noch »schwarze Löcher« bestehen.

Es gibt in der Praxis sehr gute Beispiele von Projektanalysen, die dazu beigetragen haben, sich Klarheit über Sinn und Zweck des Projektes zu verschaffen. Eine Projektanalyse ist eine wesentliche Voraussetzung, das Projekt sauber aufzugleisen. Ob in einer Projektanalyse viel oder wenig Papier produziert wird, ist nicht das Entscheidende. Wichtiger ist die Frage, wie konkret und brauchbar die Analyseergebnisse sind. In einem Fall genügt eine Seite Projektanalyse, in einem anderen Fall muss ein umfangreicher Bericht verfasst werden. Das Wichtigste sind in beiden Fällen die Erkenntnisse oder Maßnahmen, die daraus gewonnen werden können.

Mit einer brauchbaren Projektanalyse liegt ein gutes Fundament für die Planung, für die Umsetzung und für die Steuerung eines Projektes vor[4].

SWOT	Werkzeug
S (strenghts – Stärken):	**W** (weaknesses – Schwächen):
O (opportunities – Chancen):	**T** (threats – Gefahren):
Herausforderungen für das Projekt aus der SWOT:	

SWOT	Beispiel Immobilien

Das Strategieprojekt eines Immobilienunternehmens wurde mit einer umfassenden Analyse begonnen. Die Ergebnisse dieser Analyse sind in einer SWOT zusammengefasst worden.

S (strenghts – Stärken):

- Gutes Vertriebsnetz für Büro- und Wohnimmobilien
- Vertrauen im Markt
- Hoher Kundennutzen in allen Segmenten
- Top-Lagen bei 70 % der Immobilien
- Abdeckung fast aller Immobilien-Leistungen
- Engagierte Mannschaft

W (weaknesses – Schwächen):

- Teilweise inhomogenes Portfolio (bzgl. Lage, Qualität)
- Zu viel Abstimmungsbedarf und zu komplizierte Prozesse
- Kostenproblem: bis zu 5 % über dem Wettbewerbsniveau
- Haltefrist aufgrund der erweiterten Gewerbesteuerkürzung
- Durchschnittlicher Kundennutzen in den 1b Büro- und Wohnlagen
- Zu geringe Ausschöpfung des Renditepotenziales (ca. 3 Mio. € jährlich)

O (opportunities – Chancen):

- Ausbau und Verselbstständigung einzelner Stufen in der Wertschöpfungskette
- Bereinigung durch Basel II
- Hoher Anlagedruck durch offene Immobilienfonds
- Standardisierung und neue Immobilienkonzepte
- Internationalisierung des Bestandes
- Antizyklisches Verhalten
- Verstärkter Fokus auf Zielgruppen

T (threats – Gefahren):

- Marktzyklen (Volatilität der bedienten Branchen im Vermietungsgeschäft)
- Kürzer werdender Immobilien-Lebenszyklus
- Veränderungen in den Lebensgewohnheiten
- Stagnierende Entwicklungsmöglichkeiten bei 10 % des Portfolios
- Schlechter werdende relative Kostenposition

Herausforderungen für das Projekt aus der SWOT:

- Bereinigung des Bestandes
- Kostensenkung auf Wettbewerbsniveau
- Internationalisierung
- Verstärkung der Dienstleistungen (»Aufspalten der Wertschöpfungskette«)

3.2 Balkenplan und Funktionendiagramm

Mit jeder Planung steht und fällt die Umsetzung eines Projektes[5]. Es kommt darauf an, die Aufgaben erstens logisch, zweitens zeitlich und drittens bezüglich ihrer Verantwortung richtig festzuhalten. Der Projektbalkenplan und das Projektfunktionendiagramm sind einfache und bewährte Hilfsmittel, um ein Projekt sauber zu planen und umzusetzen. In der einschlägigen Literatur werden unzählige Möglichkeiten angeboten, ein Projekt zu planen und umzusetzen. Entsprechende Projektmanagement-*Software* existiert schon seit Jahren. Jede Methodik muss zwei Fragen beantworten. Erstens: Welche Aufgaben (und Teilaufgaben) gibt es im Projekt und wie müssen diese Aufgaben zeitlich angegangen werden? Hier setzt der Projektbalkenplan an. Zweitens: Wie müssen die Aufgaben, Kompetenzen und Verantwortlichkeiten geregelt sein, damit alle am Projekt beteiligten Personen vernünftig arbeiten und auf ein Ergebnis hinsteuern können? Diese Frage wird vom Projektfunktionendiagramm abgedeckt. Im Zentrum der Planung stehen also
1. *Projektbalkenplan,*
2. *Projektfunktionendiagramm.*

Unabhängig von der Größe eines Projektes müssen *Planungshilfsmittel* verwendet werden. Wenn eines fehlt, ist ein Projekt nicht sauber konzipiert. Spätestens in der Umsetzungsphase treten dann Abstimmungsschwierigkeiten, Mehrdeutigkeiten bzw. Missverständnisse auf und sind nur mehr schwer zu korrigieren[6].

1. Projektbalkenplan
Die Basis jedes Projektbalkenplanes ist eine detaillierte Auflistung aller Aufgaben, die im Projekt anfallen[7]. Bewährt hat sich die Planung in Form von *Arbeitspaketen*: Je Arbeitspaket werden Ziele und Inhalte dargestellt. Durch die logische Trennung werden Schnittstellen und gegenseitige Abhängigkeiten klar herausgestrichen. Aufgabenpakete lassen sich relativ leicht auf Mitarbeiter zuordnen. Die Arbeitspakete werden in die Zeilen des *Balkenplanes* entlang ihres zeitlichen Auftretens geschrieben. So beginnt ein Projekt etwa mit einer Analyse, geht dann über zur Ausarbeitung von verschiedenen Lösungsvarianten und kommt nach einem entsprechenden Entscheid zur Umsetzung. Die innere Logik der Aufgaben hängt vom jeweiligen Projektthema ab. Je nach Länge des Projektes ist dann ein zeitliches Raster festzulegen (Tage, Wochen, Monate). Entlang dieser zeitlichen Dimension werden die Spalten eingetragen. Damit liegt der Projektbalkenplan vor.

Balkenplan				Werkzeug
Arbeitspaket Zeit				

| Balkenplan | | | | | | | | | Beispiel Großhandel | |

Ein Großhändler will eine neue Kundendatenbank einführen. Mehrere Alternativen stehen zur Auswahl. Nachdem dieses Vorhaben viele Abteilungen berührt, wird ein Projekt gestartet.

Zeit / Arbeitspaket	Apr.	Mai	Juni	Juli	Aug.	Sept.	Okt.	Nov.	Dez.
1. Ist-Analyse			30.06.						
1.1 Klärung der Anforderungen	30.04.								
1.2 Ist-Analyse der derzeitigen Situation		31.05.							
1.3 Benchmarking			30.06.						
2. Grobkonzept					31.08.				
2.1 Inhaltliches Lastenheft auf Grundlage der Anforderungen				25.07.					
2.2 Technisches Lastenheft (vor allem Kompatibilität mit »Nachbar-Systemen«)				25.07					
2.3 Prüfung von Anbietern auf Grundlage der Lastenhefte				31.07.					
2.4 Bildung von Varianten und Entscheid (Kosten-Nutzen)					31.08.				
3. Feinkonzept							31.10.		
3.1 Festschreibung des Lastenheftes (inhaltlich und technisch)						30.09.			
3.2 Spezifikation mit gewähltem Anbieter						30.09.			
3.3 Erstellung eines Applikations- und Umsetzungsplanes							31.10.		
4. Applikation								30.11.	
4.1 Realisierung der Applikation								30.11.	
4.2 Ggf. Ergänzung des Umsetzungsplanes								30.11.	
5. Umsetzung									31.12.
5.1 Umsetzung gem. Plan									31.12
5.2 Offizieller Projektabschluss									31.12.

2. Projektfunktionendiagramm

Der Balkenplan legt die logische und zeitliche Dimension einer Planung fest. Im *Funktionendiagramm* werden die entsprechenden Verantwortlichkeiten dargestellt.

- Als erstes werden die Aufgaben/Arbeitspakete aus dem Balkenplan in das Funktionendiagramm übernommen.
- In die Spaltenzeile werden als zweites die verschiedenen Personen geschrieben, die im Projekt mitwirken. Prinzipiell sollten immer konkrete Personen in das Funktionendiagramm genommen werden und keine Teams. Wenn es gleichartige Aufgaben für mehrere Personen gibt, so kann auch eine Personengruppe in das Diagramm eingetragen werden (z.B. Außendienst-Mitarbeiter, Entwicklungsingenieure).
- Schließlich müssen den Aufgaben und Personen Tätigkeiten zugeordnet werden: ausführen, planen, entscheiden, kontrollieren und informieren. Diese Tätigkeiten sind mit entsprechenden Kürzeln versehen.

Die Aufgaben werden nun von oben nach unten zeilenweise durchgegangen. Bei jeder Person wird gefragt, ob sie für die jeweilige Aufgabe tätig wird (ausführen, planen, entscheiden, kontrollieren, informieren). Im Minimum muss für jede Tätigkeit ein »E« (für entscheiden) und ein »A« (für ausführen) stehen. Damit werden die Aufgaben, Tätigkeiten und Verantwortlichkeiten[8] festgelegt. Das Funktionendiagramm bietet viele Vorteile:

- Es zwingt dazu, sich mit den Aufgaben, Kompetenzen und Verantwortlichkeiten auseinanderzusetzen. Organisations- und Führungsprobleme werden damit aufgespürt.
- Horizontal gelesen verdeutlicht es die Aufgabenverteilung zwischen den Personen und zeigt die wichtigsten Schnittstellen auf. Das gilt insbesondere dann, wenn mehrere Personen bei der Planung, Entscheidung oder Ausführung einbezogen sind. Genau hier muss mit dem Instrument der Sitzung gearbeitet werden.
- Die spaltenweise Betrachtung des Diagramms (nach Personen) liefert eine komplette *Stellenbeschreibung* einer Person für das Projekt. Jeder weiß, wo er planen, entscheiden, arbeiten und kontrollieren muss.

Das Funktionendiagramm ist der Kern der Projektorganisation, weil die Aufgaben mit den Kompetenzen und Verantwortlichkeiten verbunden sind. Erst auf dieser Basis können *Organigramme* gezeichnet werden. Ohne Funktionendiagramm hängt jede Aufbau- und Ablauforganisation in der Luft.

Funktionendiagramm							Werkzeug
Arbeitspaket **Person**							

Kürzel für das Funktionendiagramm:

A	ausführen	K	kontrollieren
E	entscheiden	M	Mitspracherecht
I	wird informiert	P	planen

Funktionendiagramm				Beispiel Großhandel	

Ein Großhändler will eine neue Kundendatenbank einführen. Auf Basis des Projektbalkenplanes ergibt sich das Funktionendiagramm für die Projektgruppe.

Person Arbeitspaket	Meier	Müller	Schulz	Schmidt	Haller
1 Ist-Analyse					
1.1 Klärung der Anforderungen	E	A	I	K	
1.2 Ist-Analyse der derzeitigen Situation	E, A	A	I	K	
1.3 Benchmarking	E	I	A	K	
2 Grobkonzept					
2.1 Inhaltliches Lastenheft auf Grundlage der Anforderungen	E, P	I	A	M	
2.2 Technisches Lastenheft (vor allem Kompatibilität mit »Nachbar-Systemen«)	E, P	I	I	M	A
2.3 Prüfung von Anbietern auf Grundlage der Lastenhefte	E				A
2.4 Bildung von Varianten und Entscheid (Kosten-Nutzen)	E, P	A		M	M
3 Feinkonzept					
3.1 Festschreibung des Lastenheftes (inhaltlich und technisch)	E, P	I	I	A	A
3.2 Spezifikation mit gewähltem Anbieter	E, A			M	M
3.3 Erstellung eines Applikations- und Umsetzungsplanes	E	I	I	A	M
4 Applikation					
4.1 Realisierung der Applikation	E, P			A	A
4.2 Ggf. Ergänzung des Umsetzungsplanes	E	A	I	I	I
5 Umsetzung					
5.1 Umsetzung gem. Plan	E			A	A
5.2 Offizieller Projektabschluss	E, P, A				

Kürzel für das Funktionendiagramm:

A	ausführen	K	kontrollieren
E	entscheiden	M	Mitspracherecht
I	wird informiert	P	planen

3.3   Ressourcenplan und Mengengerüst

Für das Erreichen von Projektzielen sind Ressourcen, Maßnahmen mit Terminen und Verantwortliche erforderlich. Die Budgetierung von Zeit und Geld ist ein erster wichtiger Schritt.

1. *Ressourcenplan,*
2. *Mengengerüst.*

1. Ressourcenplan

Im *Ressourcenplan* (Grobbudget) wird der Mitteleinsatz für ein Projekt geplant, kontrolliert und gesteuert[9]. Es geht an dieser Stelle nicht darum, die verschiedenen Möglichkeiten der Budgetierung vorzustellen, wie etwa Erfolgsbudget, Investitionsrechnungen, Bilanzen, Finanz- oder Kapitalflussrechnungen. Dies würde den Rahmen sprengen und ist für die meisten Projekte auch gar nicht notwendig. Im Übrigen sei gesagt, dass die *Grundsätze ordnungsgemäßer Buchführung* und *Kostenrechnung* im Projektgeschäft uneingeschränkt gelten. *Projektgesellschaften*, die nur für die Dauer und die Abwicklung eines Projektes gegründet sind, müssen Gewinn-, Verlustrechnungen und Bilanzen handels- und steuerrechtlich vorlegen.

Für die allermeisten Projekte – egal wie groß, aufwendig und kompliziert diese sind – reichen relativ grobe Ressourcenpläne[10]. Typische Ressourcen (Kostenarten) in einem Projekt sind:

- Personal (Zeit multipliziert mit Mitarbeiter),
- Finanzmittel,
- Material (Geräte, Lagerflächen, sonstige Mobilien und Immobilien),
- Fremdleistungskosten (Beratung, Fertigung),
- Projektnebenkosten (Büro-/Infrastrukturmaterialien, Telefonkosten),
- Reisekosten.

Gerade die Zeitkosten sind ein Faktor, der immer wieder unterschätzt wird – besonders dann, wenn scheinbar genügend Personalkapazität vorhanden ist. Der Ressourcenplan dient der ersten Kalkulation, der fortlaufenden Kontrolle und der Ist-Soll-Analyse. Er ist eine Planungs- und Entscheidungshilfe:

- Soll das Projekt überhaupt durchgeführt werden?
- Wer trägt die Kosten der Ressourcen?
- Wie sind die Ressourcen zu finanzieren? Sind genügend liquide Mittel vorhanden?
- Bei welchen Ressourcen liegen Engpässe? In welcher Projektphase können diese Engpässe erfolgskritisch sein? Wie ist gegenzusteuern?
- Wann muss ein Projekt gestoppt oder zumindest revidiert werden? Welche Auswirkungen hat das auf die einzelnen Phasen und auf das Ergebnis?
- Bei welchen Ressourcen werden Entscheide von anderen Stellen benötigt? Wer verfügt über diese Ressourcen?
- In welcher Art und Weise fließen die Ressourcen in das Projektergebnis ein, z.B. in Angebotspreise oder Kalkulationssätze?

Mit dem Ressourcenplan soll die Über- und Unterdeckung der eingesetzten Mittel analysiert werden. Gerade bei vermuteten oder tatsächlichen Engpässen in den Ressourcen muss mit einem Ressourcenplan gesteuert werden. Nichts ist tragischer als ein gut laufendes Projekt, das letztendlich an einer unpräzisen Ressourcenplanung scheitert.

Bewährt haben sich Ressourcenpläne, die sich auf einzelne Projektphasen beziehen. Pro Phase oder pro Ressource *(Kostenart)* kann kalkuliert und kontrolliert werden. Wichtig ist hierbei, dass der Ressourcenplan anhand des Projektplanes strukturiert ist. Gerade bei großen Projekten ist dies leider nicht selbstverständlich. Es kommt weniger darauf an, ein Projekt bis in jede Verästelung und in jede Projektminute durchzukalkulieren. Viel wichtiger ist es, echte Planungs-, Kontroll- und Entscheidungshilfen zu haben, auch wenn das Zahlenwerk nur grob, dafür aber richtig ist[11]. Ressourcenplanung ist keine Sache von Spezialisten in Kostenrechnung, sondern oberste Pflicht des Projektleiters. Ziele werden nur über Maßnahmen und Ressourcen erreicht. Ein Projektleiter, der nicht sauber plant oder die Verantwortung für die Ressourcenplanung delegiert, gefährdet das Projekt.

Die Erstellung des Ressourcenplanes ist eine gute Gelegenheit, das Projekt, die Phasen und den Ablauf kennen zu lernen. Erfahrene Projektleiter lassen daher neue Projektmitglieder die Ressourcenpläne nachrechnen und kontrollieren.

Wenn der Ressourcenplan steht und Abweichungen frühzeitig erkannt werden, so liegt eine wichtige Voraussetzung für die Umsetzung und Steuerung eines Projektes vor. Die echten Profis unter den Projektmanagern delegieren an dieser Stelle nichts und sind jederzeit im Bilde über die Zahlen, Daten und Fakten ihres Projektes.

Ressourcenplan				Werkzeug
Datum:				
Erstellung/Pflege:				

Projektphase	Ressource/ Kostenart	Plankosten (in €)	Istkosten (in €)	Kostenabweichung/ Maßnahmen (in €)

Ressourcenplan				Beispiel Maschinenbau

In einem Maschinenbau-Unternehmen wurde im Vertrieb ein Prozessoptimie-
rungsprojekt gestartet. Von Beginn an sind die *Projektkosten* konsequent
festgehalten worden.

Datum:	20.06.
Erstellung/Pflege:	Schmidt

Projektphase	Ressource/ Kostenart	Plankosten (in €)	Istkosten (in €)	Kostenabweichung/ Maßnahmen (in €)
1. Analyse der Prozesse (Ist)	Personal	15.000	18.000	• plus 3.000 Abweichung • Neuplanung ab Phase 2 (unterschätzter Aufwand), mehr ext. Support
	Material	500	400	• minus 100 (unerheblich)
	Fremdleistungen (Consulting)	10.000	10.050	• plus 50 (unerheblich)
	Projekt-Nebenkosten	3.000	2.500	• minus 500 • genaue Spesenprüfung
2. Gestaltung der Prozesse (Soll)	Personal	…	…	…
	Material	…	…	
	Fremdleistungen (Consulting)	…		
	Projekt-Nebenkosten			
3. Umsetzung der Soll-Prozesse	…	…		
	…			

2. Mengengerüst

Ressourcenplan, Balkenplan und Funktionendiagramm sind pragmatisch einsetzbare Hilfsmittel für die saubere Planung eines Projektes. Zusätzlich empfiehlt sich noch ein *Mengengerüst* pro Person, das an dieser Stelle einfach zu erstellen ist. Die Arbeitspakete sind bereits durch den Projektbalkenplan in eine zeitliche Logik gebracht worden. Im Projektfunktionendiagramm werden die Beiträge der einzelnen Personen geklärt. Pro Person kann jetzt der zeitliche Aufwand pro Aufgabe und pro Beitrag abgeschätzt und quantifiziert werden. Damit liegt das Mengengerüst für jede Person (spaltenweise) und für jede Aufgabe/Phase (zeilenweise) vor. Mit einem solchen Mengengerüst wird die Verbindung erreicht von

* Aufgabe,
* Beitrag und
* Personalaufwand (gemessen in Zeit und Geld).

Wenn die vorgestellten Instrumente der Projektplanung gewissenhaft erarbeitet worden sind, ist Klarheit über das Projekt geschaffen und damit eine gute Voraussetzung für die Umsetzung und für das *Controlling*. Die Qualität einer Projektleitung zeigt sich in der Erarbeitung dieser Werkzeuge und in der systematischen Steuerung des Projektes mit eben diesen Instrumenten[12].

Mengengerüst							Werkzeug
Arbeitspaket Person							
Summe in Tagen							

| Mengengerüst | | | | | Beispiel Großhandel |

Ein Großhändler will eine neue Kundendatenbank einführen. Das Mengengerüst der Projektgruppe wird wie folgt veranschlagt.

Arbeitspaket	Person	Meier	Müller	Schulz	...	Summe in Tagen
1 Ist-Analyse						
1.1 Klärung der Anforderungen		1	6	1	...	12
1.2 Ist-Analyse der derzeitigen Situation		5	7	1	...	20
1.3 Benchmarking		1	1	10	...	...
2 Grobkonzept						
2.1 Inhaltliches Lastenheft auf Grundlage der Anforderungen		2	1	10	...	
2.2 Technisches Lastenheft (vor allem Kompatibilität mit »Nachbar-Systemen«)		2	1	1	...	
2.3 Prüfung von Anbietern auf Grundlage der Lastenhefte		1				
2.4 Bildung von Varianten und Entscheid (Kosten-Nutzen)		1	10			
3 Feinkonzept						
3.1 Festschreibung des Lastenheftes (inhaltlich und technisch)		1	1	...		
3.2 Spezifikation mit gewähltem Anbieter		...	...			
3.3 Erstellung eines Applikations- und Umsetzungsplanes		...				
4 Applikation						
4.1 Realisierung der Applikation						
4.2 Ggf. Ergänzung des Umsetzungsplanes						
5 Umsetzung						
5.1 Umsetzung gem. Plan						
5.2 Offizieller Projektabschluss						
Summe in Tagen		**25**	**40**	**...**		

3.4   Projektorganisation und Grundsätze beim Organisieren

Organisieren ist eines der wichtigsten Themen in Projekten[13]. Projekte sind gerade dadurch definiert, dass sie nur begrenzte Zeit bestehen und auf keine vorhandene Struktur zurückgreifen können. Bei »Organisation« denken viele an Organigramme, also an die bildliche Darstellung der *Aufbaustruktur*. Oben steht der Projektleiter, darunter sind die Projektmitarbeiter eingetragen. Nach links und nach rechts finden sich die Schnittstellen zu anderen Projekten oder Unternehmungen. Das Thema »Projektorganisation« bleibt dann an dieser Stelle stehen.

Eine wirksame Projektorganisation beginnt aber bei den Zielen des Projektes – und orientiert sich letztlich am Nutzen, den das Projekt für einen Kunden bringen soll. Die beste Methode, Projektorganisation von Anfang an richtig zu machen, ist die Beantwortung folgender drei Grundfragen[14] in Anlehnung an den Altmeister des Management, Peter Drucker:

1. Stellt die Projektorganisation sicher, dass die Mitarbeiter ihre Aufgaben so erledigen können, dass der Zweck des Projektes erreicht wird?
Diese Frage ist so banal wie auch schwierig. Eine gute *Projektorganisation* muss Folgendes ermöglichen:
* Mitarbeiter haben Klarheit über ihre *Schlüsselaufgaben* und können ungestört arbeiten. Sie werden dabei nicht von der Projektleitung oder von der Organisation gestört.
* Die Aktivitäten richten sich nicht am Arbeitsaufwand, sondern an Ergebnissen aus. Die Mitarbeiter haben geschlossene Jobs. Sie kennen die erwarteten Ergebnisse und können eigenständig darauf hinarbeiten.

Wenn das Projekt gut läuft, stellt sich die Frage nach der richtigen Organisation gar nicht. Oft wird allerdings das Grundverkehrte gemacht. Zuerst wird eine Organisation konstruiert: Kästchen und Pfeile werden gemalt, mit Namen gefüllt und dadurch eine Rangordnung festgelegt. Meistens sind Fragen von Prestige, Status und Einfluss damit verbunden. Erst später wird geklärt, worin die Schlüsselaufgaben liegen und wer was zu tun hat. Die Grundlage für eine wirksame Projektorganisation sind aber klare Ziele[15]. Dann sind die Schlüsselaufgaben festzulegen und zu verteilen, um diese Ziele zu erreichen. Erst nachher leitet sich die Organisation ab. Eine gute Projektorganisation richtet sich immer an Zielen und Schlüsselaufgaben aus. Zur Umsetzung wird am besten ein leeres Blatt Papier verwendet. In einer Spalte sind die Ziele und in der nächsten die jeweiligen Schlüsselaufgaben zur Erreichung der Ziele zu notieren. In einer dritten Spalte finden sich die Namen der Projektmitarbeiter.

Eine andere und ausgefeiltere Methodik zur Festlegung ist das *Funktionendiagramm*. Dort werden als erstes zeilenweise die Aufgaben und spaltenweise die mitarbeitenden Personen notiert. Dann wird bei jeder Aufgabe fixiert, wer welchen Beitrag zur Erledigung der Aufgabe zu leisten hat (z.B. planen, entscheiden, ausführen).

2. Kann sich die Projektleitung mit Hilfe der Projektorganisation ihrer Kernaufgabe widmen – der Steuerung des Projektes?

Die Schlüsselaufgabe der *Projektleitung* besteht in der Steuerung des Projektes. Auch das klingt trivial. In der Praxis allerdings kümmern sich die meisten Projektleiter um zu viele Details: Sie sehen sich als 150-prozentige Fachspezialisten und versuchen, Aufgaben zu erledigen, die eigentlich von Projektmitarbeitern zu tun wären. In Folge sind sie überlastet, gestresst und können sich nicht mehr ihrer Führungsaufgabe als Projektleiter widmen. Zudem gibt es nicht wenige Projektleiter, welche die Projektmitarbeiter dadurch zur Unselbständigkeit erziehen oder – noch schlimmer – sie von ihrer Arbeit abhalten.

Die wirksame *Steuerung* eines Projektes gehört zu den schwierigsten Aufgaben überhaupt. In einer guten Organisation kann sich die Projektleitung voll auf die Lenkung des Projektes konzentrieren. Die Aufgaben, die Kompetenzen und die Verantwortung zwischen Projektmitarbeitern und Projektleitung müssen daher vorab geklärt sein. Gerade wenn die Aufgabenteilung zwischen den Projektbeteiligten mehrdeutig und missverständlich ist, sind Konflikte vorprogrammiert. Die erste organisatorische Tätigkeit der Projektleitung besteht darin, diese Aufgabengestaltung vorzunehmen und mit allen abzustimmen.

Für die Umsetzung kann wieder ein weißes Blatt Papier verwendet werden. In die eine Spalte werden Schlüsselaufgaben der Projektleitung geschrieben. In der anderen Spalte sind die Schlüsselaufgaben der Projektmitarbeiter eingetragen. Wenn es Überschneidungen oder Unklarheiten gibt, müssen diese ausdiskutiert werden. Ansonsten werden die Konflikte im Projekt multipliziert.

3. Ist die Projektorganisation so ausgerichtet, dass Nutzen für Kunden gestiftet wird?

Das ist die wichtigste Frage. Sie berührt das Selbstverständnis in jedem Projekt[16]. Normalerweise wird ein Projekt gestartet, um einen gewissen Nutzen zu produzieren. Und damit gibt es automatisch »Kunden«. Interessanterweise fehlen in so gut wie allen Projektorganigrammen die Kunden an der Spitze des Projektes. Eine Projektorganisation hat aber nur diese eine Existenzberechtigung – eben Nutzen für Kunden zu stiften. In der Projektmanagement-Szene gibt es Menschen, die glauben, dass Projekte zuerst den Projektmitarbeitern dienen sollen. Das mag höchstens ein positiver Nebeneffekt sein. Nur sind solche Projekte meist Beschäftigungsprogramme und selten kommt dabei etwas Sinnvolles heraus.

Eine gute Projektorganisation stellt den Bezug zum gestifteten *Nutzen für Kunden* her. Für die Umsetzung wird ein weißes Blatt Papier in drei Spalten geteilt. In der ersten Spalte steht der Nutzen für eine oder mehrere Kundengruppen. In der zweiten Spalte finden sich die Beiträge des Projektes dazu (Produkte oder Dienstleistungen). Spalte drei besteht aus den konkreten Aufgaben, um diese Beiträge zu leisten. Hier liegt auch wieder die Verknüpfung zu den Zielen und zur Aufgabenteilung vor. Das Vorgehen ist an sich nicht schwierig. Nur braucht es Zeit, um all das mit den Projektmitarbeitern zu besprechen. Die Frage nach der richtigen Organisation und nach dem richtigen *Organigramm* beantwortet sich dann (fast) von selbst.

Kern der Projektorganisation	Werkzeug
Checkpunkt	**Beurteilung der Organisation/Maßnahmen**
1. Stellt die Projektorganisation sicher, dass die Mitarbeiter ihre Aufgaben so erledigen können, dass der Zweck des Projektes erreicht wird?	
2. Kann sich die Projektleitung mit Hilfe der Projektorganisation ihrer Kernaufgabe widmen – der Steuerung des Projektes?	
3. Ist die Projektorganisation so ausgerichtet, dass Nutzen für Kunden gestiftet wird?	

Kern der Projektorganisation	Beispiel Versicherung

Ein Versicherungsunternehmen erarbeitet ein Leitbild in einer Projektgruppe. Naturgemäß sollen und wollen viele Personen einbezogen werden. Nach etwa zwei Monaten Arbeit stellt sich heraus, dass die Arbeit stockt, viele Beteiligte unzufrieden sind und nur mangelhafte Ergebnisse vorliegen.

Checkpunkt	Beurteilung der Organisation/Maßnahmen
1. Stellt die Projektorganisation sicher, dass die Mitarbeiter ihre Aufgaben so erledigen können, dass der Zweck des Projektes erreicht wird?	• Der Status spielt im Projekt eine große Rolle, d.h., dass die Hierarchie des Unternehmens eins zu eins in das Projekt übertragen wird. • Reporting, Kommunikation und Information nehmen bis zu 70 % der Arbeitszeit ein. Das Projektteam befriedigt das permanent vorhandene, aber diffuse Kommunikationsbedürfnis vieler Mitarbeiter und Führungskräfte. • Aufgaben, Kompetenzen und Verantwortlichkeiten sind unklar, nachdem sich jeder für alles zuständig fühlt, niemand aber Verantwortung übernimmt.
2. Kann sich die Projektleitung mit Hilfe der Projektorganisation ihrer Kernaufgabe widmen – der Steuerung des Projektes?	• Die Projektleitung macht im Prinzip dasselbe wie die Projektmitarbeiter: informieren, kommunizieren, aber in der Sache nicht zielorientiert arbeiten. • Spätestens hier wird klar, dass der Projektauftrag zur Erarbeitung eines Leitbildes nicht präzise formuliert war. Ohne definierte Arbeitspakete und Termine ist eine Steuerung nicht möglich.
3. Ist die Projektorganisation so ausgerichtet, dass Nutzen für Kunden gestiftet wird?	• Letztendlich bleibt im Projekt unklar, wer der Kunde ist. In der Projektbeschreibung heißt es, »das Leitbild soll dem gesamten Unternehmen dienen«. • Nachdem niemand – auch nicht die Geschäftsleitung – den Nutzen verdeutlichen kann, den ein Leitbild stiften soll, kann es auch keine Ergebnisse geben. • Ohne exakt feststellbaren Kundennutzen sind Erfolgskriterien für das Projekt und sinnvolle Ziele nicht ableitbar.

Besonders für Projekte stellt sich die Frage nach der richtigen und wirksamen Organisationsform, weil nur selten auf bestehende Strukturen zurückgegriffen werden kann und Zeit zum Ausprobieren einer Organisation fehlt. Die richtige *Organisation* muss schnell gefunden werden und sollte so tragfähig sein, dass sie den ersten »Stürmen« in der Projektarbeit standhalten kann. Es gibt einige Grundsätze, die sich beim Organisieren bewährt haben.

1. *An Ergebnissen ausrichten,*
2. *Führbarkeit gewährleisten,*
3. *Die Organisation einfach gestalten,*
4. *Eine robuste Projektorganisation als Ziel.*

1. An Ergebnissen ausrichten

Egal wie eine Organisation aussieht, eines muss stets gegeben sein: Alle Aufgaben, Kompetenzen und Verantwortlichkeiten müssen sich an Ergebnissen ausrichten[17]. Nicht selten gibt es über den Zweck des Projektes und die Resultate ebenso viele verschiedene Meinungen wie Projektmitarbeiter. Eine gute Projektleitung rechnet von den Resultaten des Projektes zurück und baut die Organisation danach auf. Der zeitliche und logische Erarbeitungsprozess dieser Ergebnisse ist ein guter Leitfaden für die richtige Organisation.

Wird die Organisation nicht an den *Ergebnissen* ausgerichtet, gibt es permanente Schwierigkeiten und Abstimmungsprobleme. Die erste Aufgabe der Projektleitung liegt in der eindeutigen Klärung der Ziele. Die organisatorischen Fragen kommen erst danach und lassen sich umso besser lösen, je klarer das Projektziel und die abgeleiteten Aufgaben vorliegen.

2. Führbarkeit gewährleisten

Viele moderne Projektmanager behaupten, dass eine Organisation flexibel, kreativ, mitarbeiterorientiert, ganzheitlich und selbstbestimmt sein muss. Das sind alles schöne Worte und hohe Ansprüche, denen ein Projekt in der Praxis kaum gewachsen sein wird, geschweige denn ein Projektleiter oder Projektmitarbeiter. Vor allem verstellen solche Forderungen den Blick auf etwas Entscheidendes: Projektorganisationen müssen führbar sein. Es ist die Projektleitung, welche die Hauptverantwortung für das Projekt trägt. Darum muss die Projektleitung auch die *Führung* für sich beanspruchen können und diese wahrnehmen. Viel zu oft entwickeln Mitarbeiter – unter den besten Vorsätzen – eine eigene Dynamik. Am Schluss ist nichts abgestimmt, die Projektleitung war nur halb informiert und letztendlich liegen auch keine Ergebnisse vor.

Führung heißt, dass die Projektleitung die einzelnen Schritte des Projektes lenkt, über den Fortgang informiert ist und den Bezug zum Zweck des gesamten Projektes herstellt[18]. Genau hier entscheidet sich auch, ob ein Projektleiter etwas von seiner Sache versteht oder nicht. Inkompetente Projektleiter lassen ihre Mitarbeiter erst einmal losrennen und sind dann mit den Ergebnissen unzufrieden. Wenn Projekte nicht führbar sind, entscheidet der Zufall und nicht die Leistung der Mitarbeiter.

3. Die Organisation einfach gestalten

Viele Menschen glauben, dass Organisationen kompliziert und vernetzt sein müssen. Gute Projektorganisationen zeichnen sich aber dadurch aus, dass sie leicht zu begreifen sind und Schnittstellen zu anderen Projekten, zu beteiligten Unternehmen oder zu Interessensgruppen minimieren. Komplizierte Organisationsformen entwickeln früher oder später ein Eigenleben und vernebeln das Projektziel. Die Verantwortung der Projektleitung liegt darin, für eine einfache Projektorganisation zu sorgen[19].

4. Eine robuste Projektorganisation als Ziel

Selbst wenn alle Regeln des Organisierens ernst genommen und angewendet werden, so bleibt ein »Grundrauschen« an Störungen, Missverständnissen und Problemen. Das ist nicht dramatisch, sondern zeigt nur, dass Menschen am Werk sind. Eine gute Projektorganisation zeichnet sich dadurch aus, dass sie diese »Irritationen« aushält. Das ist im Wesentlichen der Kern dessen, was als »robuste« *Organisation* bezeichnet wird. Erfolgreiche Projektorganisationen überstehen jede Störung, weil sie auf das gemeinsame Ziel ausgerichtet sind.

Im Zusammenhang mit der robusten und führbaren Organisation sind auch die drei typischen *Organisationsformen für Projekte* zu diskutieren. Alle drei haben ihre Berechtigung, ihre Vor und auch Nachteile.

- *Stabs- bzw. Koordinations-Projektorganisation:* Die Abwicklung des Projektes bleibt in der Linie. Für die Erfüllung benötigt der Projektleiter aber Mitarbeiter aus anderen Abteilungen. Der Projektleiter ist quasi der Auftraggeber für andere Abteilungen und Mitarbeiter, hat aber keine Weisungsbefugnis. Bei kleinen Projekten mit wenigen Schnittstellen kann sich diese Organisationsform eignen.
- *Matrix-Projektorganisation:* Der Projektleiter trägt die Vorgehensverantwortung, die Linienchefs tragen die Fachverantwortung. Der Projektleiter wird aus der Linie herausgelöst und der Führung direkt unterstellt. Die Führung wird durch hohen Koordinationsaufwand stark beansprucht.
- *Reine Projektorganisation:* Projektleiter und Projektmitarbeiter werden für die Laufzeit des Projektes aus der Linie herausgelöst. Der Projektleiter hat fachliches und disziplinarisches Weisungsrecht. Die Führbarkeit im Projekt selbst ist gegeben, allerdings besteht die Gefahr der Abkoppelung und Verselbständigung des Projektes. Bei großen Bau-, Engineering- und Innovationsprojekten wird diese Organisationsform angewendet.

Vor- und Nachteile bei Projektorganisationen		Checkliste
Projektorganisation	**Vorteile**	**Nachteile**
Stabs- bzw. Koordinations-Projektorganisation	• Rasche Bildung des Projektteams • Eindimensionale Unterstellung • Keine organisatorischen Änderungen • Geringe Kosten der Organisation (zumindest am Beginn)	• Schwerfällige Entscheidungs- und Umsetzungsprozesse • Projektverzögerung • Keine Weisungsbefugnis des Projektleiters • Verantwortung deckt sich nicht mit Entscheidungs-Kompetenz
Matrix-Projektorganisation	• Nutzung von Know-how der Linie • Klare Abdeckung der Aufgaben und Herausforderungen (»zweidimensional«) • Kompromissfähigkeit mit der Linie • Hohe Flexibilität	• Doppelunterstellungen • Überlastung der Linie • Sehr hoher Steuerungs- und Koordinationsaufwand • Unklare Verantwortlichkeiten • Unübersichtlichkeit
Reine Projektorganisation	• Klare Verantwortung für Projektleiter und Projektmitarbeiter • Große Flexibilität • Keine Doppelunterstellungen • Keine Einschränkung der Kompetenzen der Linie • Zentrale Steuerung von Planung, Termin- und Kostenüberwachung	• Gefahr der Verselbständigung • Ressourcenaufwand • Schwierige Wiedereingliederung der Beteiligten in die Linie • Gefahr von Verzögerung – insbesondere bei der Umsetzung • Abhängigkeit von der Linie – spätestens bei Umsetzung

Die Wahl der geeigneten Organisationsform hängt individuell von jedem Projekt ab. Unter Umständen fällt die Entscheidung für Mischformen oder kombinierte Varianten. Die Grundlagen für eine solche Entscheidung sind in jedem Fall klar: Ausrichtung an Ergebnissen, Führbarkeit, Einfachheit und Robustheit[20]. Mit beiliegender Checkliste kann eine einfache Prüfung der Projektorganisation durchgeführt werden. Dies ist die beste Grundlage für Maßnahmen.

Grundsätze beim Organisieren eines Projektes	Checkliste

1. Ist sichergestellt, dass sich die Organisation aus den Zielen des Projektes ableitet?
2. Sorgt die Projektorganisation dafür, dass die Projektmitarbeiter direkt mit den/für die Kunden des Projektes arbeiten können?
3. Ist die Projektorganisation führbar?
4. Kann die Projektleitung unmittelbar auf alle Projektmitarbeiter zugreifen? Hat die Projektleitung auch den notwendigen Gestaltungsspielraum?
5. Sind Aufgaben und Kompetenzen für jeden Projektmitarbeiter klar? Sind die Projektmitarbeiter auch für ihre Tätigkeiten und für die Ergebnisse verantwortlich?
6. Können Projektleitung und Projektmitarbeiter auf Ergebnisse hinarbeiten?
7. Müssen die Projektmitarbeiter wenig miteinander kommunizieren?
8. Können die Projektmitarbeiter möglichst autonom arbeiten, ohne ständig von der Organisation »gestört« zu werden?
9. Stellt die Projektorganisation sicher, dass sich alle in das Projekt einbringen können?
10. Ist die Organisation auch so konsequent, dass aus Vorschlägen Verpflichtungen werden, d.h. Maßnahmen mit klaren Verantwortlichkeiten und Terminen?
11. Ist die Projektorganisation einfach, klar und überschaubar? Gibt es möglichst wenige Schnittstellen und Vernetzungen?
12. Ist sichergestellt, dass es neben der Projektorganisation keine informelle Organisation gibt?
13. Kommt die Organisation mit wenigen Sitzungen und »Koordinationsrunden« aus?
14. Wird möglichst selten über die Projektorganisation gesprochen (als Zeichen, dass alles klar ist)?
15. Wird die Projektorganisation nicht bei jeder Gelegenheit in Frage gestellt oder verändert?
16. Kommt die Projektorganisation auch ohne Organigramme und Statusbekundungen aus?

3.5   Projektprozess bei Innovationen

Die bisher in diesem Buch dargestellten Inhalte, Phasen und Werkzeuge sind universell für das Projektmanagement einsetzbar und damit unabhängig von der Organisationsgröße bzw. von der Komplexität des Themas. Die Praxis zeigt zudem, dass Projekte gerade deswegen scheitern, weil die einfachen Prinzipien und Instrumente nicht angewendet werden.

Insbesondere bei Innovationsthemen und in großen Organisationen besteht die Herausforderung darin, Projektprozesse professionell zu steuern[21]. Das liegt daran, dass Entscheidungsabläufe latent länger dauern und Umsetzungsaktivitäten viel stärker koordiniert werden müssen als in kleinen, überschaubaren Einheiten. In diesen Fällen hat sich eine bewährte Methodik des *Projektprozesses* herausgebildet, die nachfolgend dargestellt wird. Es geht um

1. *Ideensammlung und Ideensteckbrief,*
2. *Projektbeantragung und Rahmenheft,*
3. *Projektbeauftragung und Lastenheft,*
4. *Sicherstellung eines Projektprozesses mit mehreren Projekten.*

Zweck und Ziel ist die Sicherstellung der Sammlung, Bewertung und Priorisierung von Ideen zu echten Projekten. Zusätzlich ist eine genaue zeitliche und inhaltliche Konkretisierung der Vorhaben gefordert, die eine Grundlage für die Projektsteuerung darstellt. Wesentlich für den Prozess ist eine *Steuerungsstelle*, welche Ideensteckbrief, Rahmenheft und Lastenheft bewertet und die Entscheidung zur Weiterarbeit trifft[22]. In einer solchen Steuerungsstelle sind die Führungskräfte der jeweiligen organisatorischen Einheit(en) vertreten. Das Verfahren wird in einen Führungskreislauf eingebettet und für alle transparent. Betont sei, dass die nachfolgenden Ausführungen auch auf kleine Organisationen angewendet werden können und eine Ergänzung zu den bisher dargestellten Inhalten sind. Wie bei allen Werkzeugen im Projektmanagement gilt auch an dieser Stelle der Grundsatz, aus bewährten Konzepten keine Bürokratien oder Datenfriedhöfe entstehen zu lassen.

1. Ideensammlung und Ideensteckbrief

Der erste Schritt besteht darin, die *Ideengenerierung* und -strukturierung zu gestalten. Als Quelle von Ideen für Projekte gibt es prinzipiell keine Beschränkungen. Entwicklungen im Umfeld, Kunden, Konkurrenten, Artikel, Bücher und spontane Einfälle kommen als Ideengeber in Frage. Das wichtigste ist die systematische Sammlung aller Ideen und die Bewertung. Die Ideenbeschreibung in Form eines sogenannten Ideensteckbriefes dient der Strukturierung dieser Ideenphase. Folgende Punkte müssen in einem *Ideensteckbrief* enthalten sein:

- Bezeichnung/Titel: Hier wird ein Vorschlag zur Bezeichnung des Projektes eingetragen.
- Ideenart: An dieser Stelle geht es um eine Kategorisierung der Idee. Handelt es sich um eine völlig neue Leistung (Produkt, Dienstleistung), um eine Verbesse-

rung bestehender Leistungen oder um eine Optimierung der internen Abläufe (Zeit, Kosten)?

- Problembeschreibung: Bevor die Idee präsentiert wird, ist vorgängig die Beschreibung des eigentlichen Problems notwendig. Damit soll der Nutzen der Idee begründet und herausgestrichen werden.
- Lösungsbeschreibung: Anschließend wird die Idee konkret dargestellt. Dies geschieht in Form der Lösungsbeschreibung. Der Ideengeber ist damit gezwungen, in einer Lösung zu denken und nicht nur in einer Idee. Das unterscheidet die bloße Idee von der Innovation: Bei der Idee geht es vor allem um Kreativität, bei der Innovation um die Umsetzung in der Art und Weise, dass ein Kunde bereit ist, für etwas Neues eine Rechnung zu bezahlen.
- Nutzenbeschreibung: Wenn das Problem beschrieben und die Lösung gefunden ist, wird zusammenfassend der *Nutzen* der Idee dargestellt. Hier sind konkret die »Kunden« der Idee zu nennen.
- Verantwortlicher: Der Ideenspender ist aufgefordert, einen Umsetzungsverantwortlichen zu nennen, wenn aus der Idee ein Projekt wird.
- Beurteilung und Entscheidung: Die Steuerungsstelle beurteilt die Idee und entscheidet. Dabei kann die Idee mit einer entsprechenden Begründung zurückgewiesen, eine bessere Ausarbeitung verlangt oder die Weiterverfolgung der Idee zum Rahmenheft beschlossen werden.

Durch den Ideensteckbrief wird die *Kreativität* einer Organisation kanalisiert[23]. Oft ist zu beobachten, dass durch die Einführung eines Ideensteckbriefes weniger Ideen an die Oberfläche kommen, diese dann aber viel konkreter sind und die Entscheidungsbasis um ein Vielfaches verbessert wird.

Ideensteckbrief	Checkliste

1. Projektnummer
2. Bezeichnung/Titel des Projektes
3. Ideenart
   3.1 Neue Leistung
   3.2 Verbesserung einer bestehenden Leistung
   3.3 Optimierung interner Abläufe
4. Problembeschreibung
5. Lösungsbeschreibung
6. Nutzenbeschreibung
7. Verantwortlicher für die Umsetzung

Die Beurteilung des Ideensteckbriefes ist wie folgt gegliedert:
1. Beurteilung/Entscheidung
2. Zurückweisung (mit Begründung), oder
3. Aufforderung zur besseren Ausarbeitung des Ideensteckbriefes, oder
4. Weiterverfolgung bis zum Rahmenheft
5. Unterschrift der Steuerungsstelle

Der Ideensteckbrief zwingt den Ideengeber zur *Spezifikation* und die jeweiligen Vorgesetzten zur Entscheidung. Zudem sorgt das Verfahren für Transparenz des Prozesses. Die Umsetzungsstärke einer Organisation nimmt merklich zu[24].

2. Projektbeantragung und Rahmenheft

Wenn die Steuerungsstelle die im Ideensteckbrief vorgeschlagene Idee als interessant und verfolgenswert eingestuft hat, ist vom Verantwortlichen ein Projektantrag[25] in Form eines sogenannten *Rahmenheftes* auszuarbeiten. Die Konkretisierung nimmt in dieser Phase entsprechend zu: aus der Idee wird ein Antrag. Das Rahmenheft ist also nichts anderes als ein Projektvorschlag. Folgendes muss festgelegt sein:

- Projektziele: Die Projektziele sind klar und unmissverständlich zu beschreiben. Eine Untergliederung in Teilziele kann dabei sinnvoll sein.
- Wirtschaftlichkeit: Hier wird das wirtschaftliche Potenzial dargestellt, das durch die Umsetzung der Projektidee realisiert werden kann (Umsätze, Ergebnisse, Kosteneinsparungen, Qualitätsverbesserungen).
- Vorgehen/Zeitplan: Die wichtigsten Phasen des Projektes sind mit einem groben Zeitplan zu erläutern. Der Zeitplan ist anschließend mit Zeitbudgets zu konkretisieren. Die Steuerungsstelle muss Klarheit über den zeitlichen Horizont und über die zeitlichen Ressourcen haben.
- Verantwortlichkeiten: Wenn Ziele, Wirtschaftlichkeit und Vorgehen/Zeitplan vorliegen, sind Vorschläge zu den wichtigsten Personen im Projekt zu erarbeiten. Konkret geht es um Projektauftraggeber, Projektleiter, Projektmitarbeiter, Lenkungsausschuss, gegebenenfalls Unterauftragnehmer und externe Experten.
- Projektbudget: Geld, Mannstunden und Fremdleistungen sind grob abzuschätzen und in einem vorläufigen Projektbudget darzustellen.
- Schnittstellen: Bereits jetzt sind die wichtigsten internen und externen Schnittstellen zu identifizieren, die vom Projekt entweder erzeugt werden oder zu berücksichtigen sind (Personen, interne Organisationseinheiten oder Systeme, andere Unternehmen).
- Informationsfluss: An dieser Stelle wird beschrieben, wie im Projektteam, in der Organisation und nach außen Information und Kommunikation gesteuert werden.
- Projektdokumentation: Die für das Projekt notwendigen Dokumente (Projektpläne, Arbeitspakete) und deren Ablage sind festzuhalten.
- Anhang: Üblicherweise finden sich in einem Rahmenheft erläuternde Dokumente, z.B. Machbarkeitsstudien, Spezifikationen, Marktforschungsergebnisse.

Aufgrund der Angaben im Rahmenheft soll das Projekt zuverlässig planbar sein[26]. Die Steuerungsstelle hat nach Vorliegen des Rahmenheftes wiederum die Entscheidung zu treffen, ob das Thema zurückgewiesen, verbessert ausgearbeitet oder als Projektauftrag (Lastenheft) weiterverfolgt werden soll.

Projektantrag und Rahmenheft	Checkliste

1. Projektnummer und Bezeichnung/Titel des Projektes (aus dem Ideensteckbrief)
2. Projektziele (Haupt- und Teilziele)
3. Wirtschaftlichkeit
4. Vorgehen/Zeitplan
5. Verantwortlichkeiten
6. Projektbudget (Geld, Mannstunden, Fremdleistungen)
7. Schnittstellen
8. Informationsfluss
9. Projektdokumentation
10. Anhang (z.B. Machbarkeitsstudien, Spezifikationen, Marktforschungsergebnisse)

Die Beurteilung des Rahmenheftes ist wie folgt gegliedert:
1. Beurteilung/Entscheidung
2. Zurückweisung (mit Begründung), oder
3. Aufforderung zur besseren Ausarbeitung des Rahmenheftes, oder
4. Weiterverfolgung bis zum Lastenheft
5. Unterschrift der Steuerungsstelle

3. Projektbeauftragung und Lastenheft

Wenn der Projektantrag (Rahmenheft) positiv entschieden wurde, wird der Projektauftrag (Lastenheft) erarbeitet. Es ist im Prinzip nichts anderes als die Weiterentwicklung des Rahmenheftes mit erhöhter Konkretisierung, Terminen und Meilensteinen[27]. Die Grundstruktur des Rahmenheftes bleibt bestehen und wird durch einzelne Punkte ergänzt:

- Ausgangs-/Problemlage: Im Projektauftrag wird die Ausgangs- und Problemlage komprimiert zusammengefasst.
- Kundennutzen: Die wichtigsten Kunden und deren Nutzen durch das Projekt sind an dieser Stelle explizit darzustellen.
- Projektorganisation: Durch die Beauftragung wird die endgültige Projektorganisation festgeschrieben. Sitzungstakt und Entscheidungsgremien sind entsprechend aufzunehmen.
- Genehmigungszeile: Die Mitglieder der Steuerungsstelle, der Projektauftraggeber und der Projektleiter beschließen das Lastenheft mit ihrer Unterschrift. Das Projekt wird formal in Auftrag gegeben.

Das *Lastenheft* ist das wichtigste Dokument für das Projekt. Es bildet die Grundlage für Planung, Umsetzung und Controlling. Die Steuerungsstelle hat nach Vorliegen des Lastenheftes die Entscheidung zu treffen, ob das Thema verbessert ausgearbeitet werden soll oder genehmigt wird. Diese Entscheidung ist der letzte Akt der Steuerungsstelle. Nach Genehmigung wird das Projekt gestartet.

In großen Organisationen ist die systematische Projektsteuerung eine ständige Herausforderung[28]. Der beschriebene Projektprozess hat sich in vielen Unternehmen bewährt, weil er ein systematisches *Trichterverfahren* darstellt:

- Die Kreativität wird kanalisiert und in sinnvolle Bahnen gelenkt.
- Der gesamte Ablauf zwingt Ideengeber, Projektleiter und Mitglieder der Steuerungsstelle zur systematischen Diskussion der wichtigen Punkte und zur Entscheidung.
- Der Projektprozess stellt *Transparenz* und Objektivität sicher. Alle wissen, welche Inhalte erwartet werden und kennen den Entscheidungsablauf.
- Das Lastenheft ist die beste Basis für Projektcontrolling.
- Der Projektprozess eignet sich auch zur Steuerung von *Innovationsthemen*, nachdem gerade hier die Gefahr von Verzettelung und Chaos besonders groß ist.

In diesem Verfahren kann eine *Projektliste* angelegt werden. Darin sind alle Projektthemen nach ihrem Status zu führen (Idee, Antrag, Auftrag) und zu archivieren. In vielen Fällen werden Projekthandbücher geschrieben, in denen der Projektprozess und die einzelnen Arbeitsschritte mit den entsprechenden Dokumenten dargestellt werden. Erfahrungsgemäß braucht die Umstellung von spontaner *Projektaktionitis* auf systematische Steuerungsverfahren am Beginn etwas Zeit und Beharrlichkeit. Vor allem ist dem Vorwurf entgegenzuwirken, dass damit die freie Kreativität durch einen strukturierten Prozess untergraben werde. Wenn sich das Verfahren eingespielt hat, bringt ein Projektprozess ein hohes Maß an Produktivität und *Übersichtlichkeit*[29].

Projektauftrag und Lastenheft	Checkliste
1. Projektnummer und Bezeichnung/Titel des Projektes* 2. Ausgangs-/Problemlage 3. Projektziele (Haupt- und Teilziele)* 4. Kundennutzen 5. Wirtschaftlichkeit* 6. Vorgehen/Zeitplan* mit endgültigen Terminen/Meilensteinen 7. Verantwortlichkeiten* 8. Projektorganisation 9. Projektbudget (Geld, Mannstunden, Fremdleistungen)* 10. Schnittstellen* 11. Informationsfluss* 12. Projektdokumentation* 13. Anhang (z.B. Machbarkeitsstudien, Spezifikationen, Marktforschungsergebnisse)* 14. Genehmigungszeile	

(* vgl. Rahmenheft)

Projektprozess für ein einzelnes Projekt	**Beispiel Softwareentwicklung**

Ein Entwicklungsbüro für Zeitsystem-Software plant und steuert Projekte mit Ideensteckbrief, Rahmenheft und Lastenheft. Der dadurch entstehende »Projekttrichter« strukturiert und beschleunigt die Entscheidungsprozesse. Alle Mitarbeiter kennen das Verfahren und wissen, wie die Projektsteuerung im Unternehmen verankert ist.

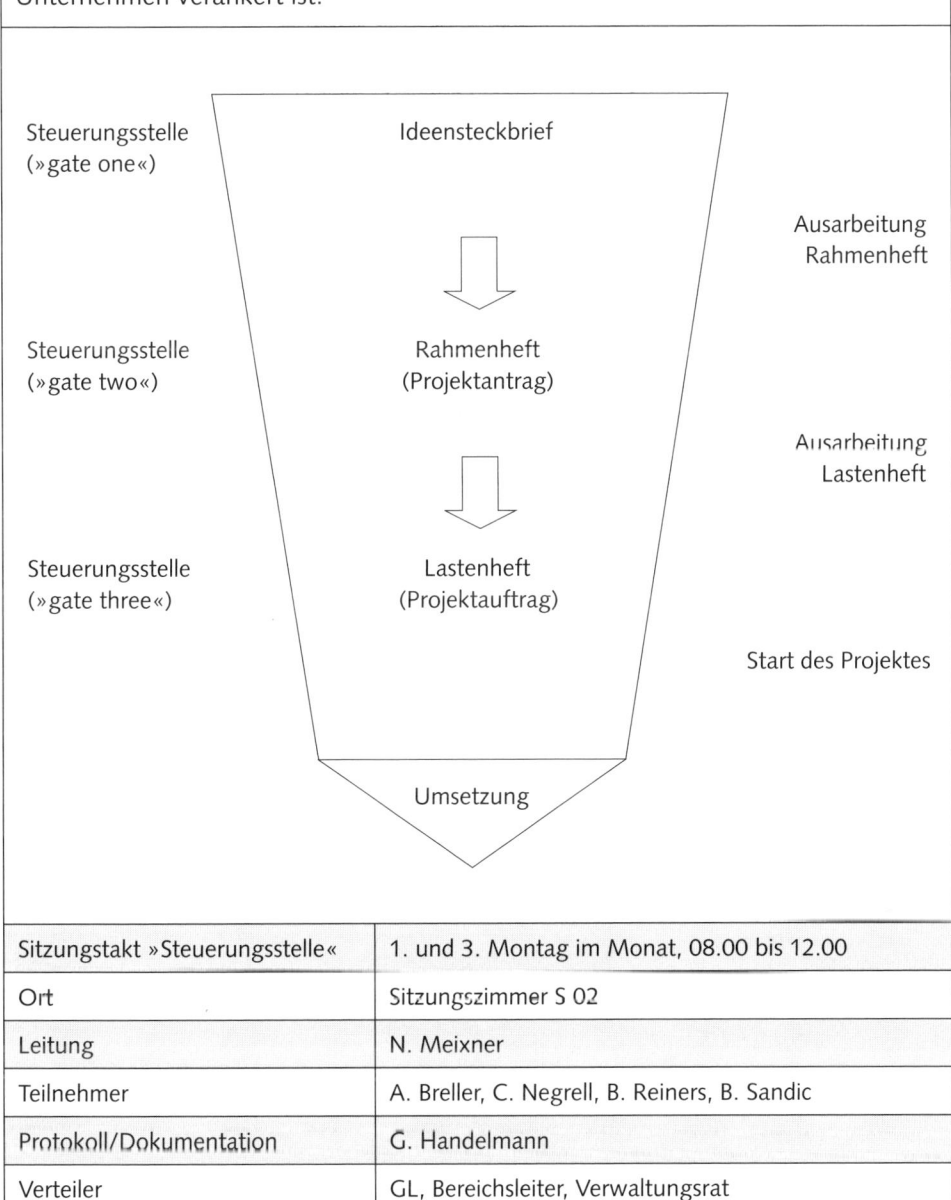

Sitzungstakt »Steuerungsstelle«	1. und 3. Montag im Monat, 08.00 bis 12.00
Ort	Sitzungszimmer S 02
Leitung	N. Meixner
Teilnehmer	A. Breller, C. Negrell, B. Reiners, B. Sandic
Protokoll/Dokumentation	G. Handelmann
Verteiler	GL, Bereichsleiter, Verwaltungsrat

4. Sicherstellung eines Projektprozesses mit mehreren Projekten

Bei neuen Themen macht es Sinn, zwischen einfachen Linienprojekten und echten Innovationsprojekten zu unterscheiden. Ein *Linienprojekt* zeichnet sich dadurch aus, dass es hier um keine Innovation im Sinn einer nachhaltigen Veränderung des Geschäftes geht und das Thema in seiner Bedeutung oft überschaubar ist. Der Projektauftrag kommt vom Entscheidungsausschuss, die Umsetzung und der Berichtsweg erfolgen aber dann ausschließlich in der Linie. Die Verantwortung trägt der Linienmanager.

Ein echtes *Innovationsprojekt* hat üblicherweise nachhaltige Auswirkungen auf das Unternehmen und das Geschäft. Es ist zumeist strukturenübergreifend und beansprucht übermäßig Ressourcen – Geld und umsetzungserfahrene Mitarbeiter bzw. Führungskräfte. Umsetzung und Berichtsweg erfolgt nicht in der Linie, sondern separat. Für Beauftragung, Prüfung und Abnahme sorgt der Entscheidungsausschuss.

In den meisten Organisationen liegen mehrere Projekte gleichzeitig vor. Damit entsteht die Herausforderung, neue Themen zu strukturieren, zu planen und in einen sauberen *Prozessablauf* zu bringen. Es geht um folgende Punkte:

- Einheitlichkeit in der Definition, der Entscheidungsfindung und des Umsetzungsprozesses für Projekte,
- Schaffung eines Entscheidungsgremiums für Projekte,
- Einsetzen eines Projekt-Controllers als Unterstützer des Entscheidungsgremiums und als Antreiber des Prozesses,
- Klarheit in der Strukturierung und Ressourcenplanung.

Mit diesen Ansätzen wird nicht nur der Prozess geschaffen, sondern auch ein einheitliches Verständnis in einer Organisation für Projekte und deren Beauftragung hergestellt. Das Resultat besteht darin, dass sich Projektmanagement als Stärke eines Unternehmens entwickelt. Nur so ist es möglich, etwas Neues zum Markterfolg zu führen[30]. Innovationen benötigen professionelles Projektmanagement.

Projektprozess für mehrere Projekte	**Beispiel Energie**

Ein Energiekonzern strukturiert seinen Projektprozess um und definiert die Prozess-Schritte für Beauftragung und Steuerung neu. Künftig wird ein Entscheidungsausschuss (EA) über die Umsetzung von Projekten befinden. Projekte werden in Linien- und Innovationsprojekte unterschieden und anschließend unterschiedlich gelenkt. Die Prozessdarstellung sieht wie folgt aus:

Neue Projektthemen oder bestehende Projektideen

Themen: Kunden, Märkte, Technologien, Standorte, Prozesse, Kosten, Personalentwicklung…

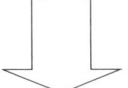   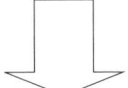

Innovationsprojekte	Linienprojekte
• Auftrag, Kontrolle und Abnahme: EA • Umsetzung: als eigene Projekteinheit • Unterstützung für EA: Projektcontrolling • Statusbericht: bei jedem EA	• Auftrag, Kontrolle und Abnahme: Linie (Vorstandsressort) • Umsetzung und Bericht: über Linie (Zielvereinbarungen) • Statusbericht: einmal p.a. an EA anlässlich Jahreszielplanung

Entscheidungsausschuss (EA)

Sitzungstakt	Monatlich nach GL-Sitzung, 14.00 bis 18.00
Ort	Besprechungszimmer Vorstand
Leitung	Vorsitzender Vorstand
Teilnehmer	Vorstand, Ideengeber, Projektcontroller, Gäste (je nach Thema)
Protokoll/Dokumentation	Projektcontroller
Verteiler	Vorstand, Führungskreis 1 und 2
Aufgaben EA	Beauftragung und Abnahme Innovationsprojekte, Definition Linienprojekte, Schlüsselentscheide bzgl. Vorgehen und Ressourcen, Umsetzungscontrolling, systematische Müllabfuhr
Aufgaben Projektcontroller	Vorbereitung/Protokollierung/Dokumentation EA und Projektunterlagen, Führung Konzernprojektliste, Umsetzungscontrolling für Innovationsprojekte (»Wadelbeißen«)

Literatur

1   *Cleland, D.*, Project Management – Strategic Design and Implementation, New York 1994, S. 77.
2   Vgl. *Turner, J./Simister, S.* (Hrsg.), Gower Handbook of Project Management, Aldershot 2000, S. 524.
3   Vgl. *Gareis, R.* (Hrsg.), Erfolgsfaktor Krise, Wien 1994, S. 125 ff.
4   *Patzak, G./Rattay, G.*, Projektmanagement – Leitfaden zum Management von Projekten, Projektportfolios und projektorientierten Unternehmen, Wien 1997, S. 160.
5   *Patzak, G./Rattay, G.*, Projektmanagement – Leitfaden zum Management von Projekten, Projektportfolios und projektorientierten Unternehmen, Wien 1997, S. 150.
6   Vgl. *Neubauer, M.*, Krisenmanagement in Projekten, Berlin 1999, S. 83.
7   *Kerzner, H.*, Project Management – A Systems Approach to Planning, Scheduling and Controlling, New York 2001, S. 573 ff.
8   *Mantel, S./Meredith, J.*, Project Management – A Managerial Approach, New York 2000, S. 85.
9   *Burghardt, M.*, Projektmanagement – Leitfaden für die Planung, Überwachung und Steuerung von Entwicklungsprojekten, Berlin-München 1993, S. 228 ff.
10 Vgl. *Mantel, S./Meredith, J.*, Project Management – A Managerial Approach, New York 2000, S.261 und S. 361 ff.
11 Vgl. *Drucker, P.*, Sinnvoll wirtschaften. Notwendigkeiten und Kunst, die Zukunft zu meistern, Düsseldorf-München 1997, S. 113.
12 *Turner, J./Simister, S.* (Hrsg.), Gower Handbook of Project Management, Aldershot 2000, S. 293, S. 349.
13 Vgl. *Ehrl-Gruber, B./Süss, G.*, Praxishandbuch Projektmanagement, Augsburg 1996, Kap. 2.4.5.2.
14 Vgl. *Malik, F.*, malik on management m.o.m.®-letter, Organisieren – »Dauerbrenner« – Problem der nächsten Jahre, Nr. 02/95, S. 24.
15 *Malik, F.*, Führen Leisten Leben. Wirksames Management für eine neue Zeit, Stuttgart-München 2000, S. 174.
16 Vgl. *Drucker, P.*, Sinnvoll wirtschaften. Notwendigkeiten und Kunst, die Zukunft zu meistern, Düsseldorf-München 1997, S. 148.
17 Vgl. *Cleland, D.*, Project Management – Strategic Design and Implementation, New York 1994, S. 250.
18 Vgl. *Briner, M./Geddes, M./Hastings, C.*, Project Leadership, Cambridge 2001, S. 13 ff.
19 Vgl. *Fangel, M.*, Best Practice in Project Start-Up, in: Proceedings 14th World Congress on Project Management, IPMA, 1998, S. 354.
20 *Leist, R.*, Qualitätsmanagement – Methoden und Werkzeuge zur Planung und Sicherung der Qualität, Augsburg 1996, Kap. 2/8.4.1.
21 Vgl. *Hansel, J./Lomnitz, G.*, Projektleiter-Praxis, Berlin 2000, S. 25.
22 *Burghardt, M.*, Projektmanagement – Leitfaden für die Planung, Überwachung und Steuerung von Entwicklungsprojekten, Berlin-München 1993, S. 37 ff.
23 Vgl. *Malik, F.*, Management. Das A und O des Handwerks, Frankfurt 2005, S. 16 ff.
24 *Drucker, P.*, Die ideale Führungskraft. Die hohe Schule des Managers, Düsseldorf 1995, S. 15.
25 *Gareis, R.* (Hrsg.), Projektmanagement im Maschinen- und Anlagenbau, Wien 1991, S. 30 ff.
26 Vgl. *Patzak, G./Rattay, G.*, Projektmanagement – Leitfaden zum Management von Projekten, Projektportfolios und projektorientierten Unternehmen, Wien 1997, S. 10 ff.
27 *Kerzner, H.*, Project Management – A Systems Approach to Planning, Scheduling and Controlling, New York 2001, S. 671.
28 Vgl. *Turner, R./Keegan, A.*, Processes for Operational Control in the Project-based Organization, Paris 2000, S. 123.
29 Vgl. *Turner, J./Simister, S.* (Hrsg.), Gower Handbook of Project Management, Aldershot 2000, S. 709 ff.
30 Vgl. *Malik, F.*, Management. Das A und O des Handwerks, Frankfurt 2005, S. 246.

Projekte und Management

Projektstart und Projektauftrag	⇐	Projekt-steuerung und Multi-Projekt-Management
⇓		
Projektanalyse und Projektplanung	⇐	
⇓		
Projektumsetzung und Projektabschluss	⇐	

4 Projektumsetzung und Projektabschluss

4.1 Resultatorientierung und Leistungsmessung

Die einzige Existenzberechtigung für ein Projekt ist das Erzielen von Resultaten. Vor allem dient die *Projektmethode* der Verstärkung der Wirksamkeit von einzelnen Personen. In der Praxis ist es aber umgekehrt. Viele Menschen müssen die Erfahrung machen, dass sie alleine mehr zuwege bringen als in der Projektgruppe. Gemeinsam wird ein Projekt begonnen und am Ende bleiben dann die viel zitierten *Einzelkämpfer* übrig. Das hat wenig damit zu tun, dass diese Einzelkämpfer unsozial sind, mehr Ehrgeiz entwickeln oder keine Konkurrenz wollen. Vielmehr hat sich die Umsetzungsstärke einer Projektgruppe nicht entwickelt. Zwei Ansatzpunkte haben sich bei der Umsetzung von Projekten bewährt:
1. *Resultatorientierung*,
2. *Leistungsmessung*.

1. Resultatorientierung
Es gibt einige wenige Gemeinsamkeiten erfolgreich umgesetzter Projekte, die sich alle auf *Resultatorientierung*[1] beziehen. Zumeist sind es ganz simple Vorgehensweisen, die in der Praxis enorme Wirkung zeigen. Deren Anwendung erfordert Energie, Zeit, Mühe und Konsequenz. Nützlich für die *Umsetzung* sind folgende Fragen:

»Sind die Ziele klar?« – Wenn die Projektziele von vornherein nicht klar sind, kann auch nichts umgesetzt werden. Gute Projekte zeichnen sich dadurch aus, dass die Zielsetzungen als erstes durchdiskutiert und dann für alle transparent festgeschrieben werden. Insbesondere für zeitlich lange und komplizierte Projekte müssen die Ziele klar sein, damit sie ihre wichtigste Funktion erfüllen können: Orientierung geben.

»Sind Mittel (Ressourcen) und Maßnahmen festgelegt?« – Ein Ziel alleine genügt leider noch nicht. Die Qualität jedes Zieles hängt davon ab, welche Mittel (Arbeitszeit, Geld) und welche Maßnahmen daraus abgeleitet werden. Offene, klare und nachvollziehbare Pläne über Ziele, Mittel und Maßnahmen sind die beste Voraussetzung, damit die Umsetzung gelingt.

»Ist für persönliche Verantwortung gesorgt?« – Diese Frage muss bei jeder einzelnen Aufgabe geklärt werden. Die Umsetzung dreht sich um die Frage »Wer macht was bis wann?« Es gibt keinen wirksameren Anknüpfungspunkt für die Umsetzung. Verantwortlich für die Umsetzung von Aufgaben ist eine einzelne Person und nicht eine Gruppe. Bei der Umsetzung wird natürlich mit Gruppen gearbeitet, die Verantwortung trägt aber nur eine definierte Person. Selbstverständlich muss ein Projektleiter auch ab und zu hingehen und nachschauen, ob die Resultate vorliegen.

»Konzentrieren sich alle auf Weniges?« – Wenn es so etwas wie eine Gemeinsamkeit erfolgreich umgesetzter Projekte gibt, dann ist es die Konzentration auf Weniges. Viele Projekte mit hochtrabenden Zielen sind der beste Indikator für eine umsetzungsschwache Organisation.

»Werden die richtigen Diskussionen geführt?« – Vielfach herrscht die Meinung vor, in Projekten wird zu viel geredet (»zerredet«) und darum nichts umgesetzt. Es kommt aber nicht darauf an, wie viel geredet wird, sondern ob im Projekt die richtigen Diskussionen geführt werden. Am besten laufen diejenigen Projekte, in denen nicht ständig kommuniziert, sondern über Wesentliches gesprochen wird, wie etwa Ziele, Mittel, Maßnahmen, Aufgaben und Verantwortlichkeiten. Die besten Projekte kommen mit wenig *Kommunikation* aus.

»Werden Hilfsmittel verwendet?« – Die wirksamsten Hilfsmittel zur Steuerung eines Projektes sind auch die einfachsten: Projektaufträge, Balkenpläne, Funktionendiagramme, Aufgabenlisten, Pultmappen, Ordner und Terminkalender. Sie setzen allerdings voraus, diese Werkzeuge erstens regelmäßig zu verwenden und zweitens die eigene Arbeitsmethodik hin und wieder zu überdenken.

Viele Menschen glauben, dass *Kreativität* oder gute Ideen der Schlüssel zur Umsetzung sind. Es gibt kein Projekt, das an zu wenig Kreativität gescheitert ist. In der *Projektmanagement-Literatur* und vor allem in der Praxis wird der Kreativität zu viel Aufmerksamkeit gewidmet. Im Vergleich dazu haben Fragen der Umsetzung[2] nicht annähernd die Bedeutung, die sie haben sollten. Je selbstverständlicher die Aufgaben scheinen, umso weniger wird darüber diskutiert. Über Erfolg und Nicht-Erfolg eines Projektes entscheidet die Umsetzung und nicht die Kreativität oder die Absichten.

Projekte gibt es, um Ziele zu verwirklichen. So simpel diese Feststellung ist, so schwierig gestaltet sich die Umsetzung in der Praxis. Werden die genannten Punkte eingehalten, fällt vieles leichter. Das Projektteam arbeitet effektiver und erreicht letztendlich die Projektziele[3].

Resultatorientierung	Werkzeug
Checkpunkte	Beurteilung der Projektumsetzung/Maßnahmen
1. Sind die Ziele klar?	
2. Sind Mittel (Ressourcen) und Maßnahmen festgelegt?	
3. Ist für persönliche Verantwortung gesorgt?	
4. Konzentrieren sich alle auf Weniges?	
5. Werden die richtigen Diskussionen geführt? (über Ziele, Mittel, Maßnahmen und Verantwortung)	
6. Werden Hilfsmittel verwendet? (Projektauftrag, Balkenplan, Aufgabenlisten)	

Resultatorientierung	Beispiel Getränkeindustrie

Ein Getränkekonzern führt im Rahmen seines jährlichen *Qualitätsaudits* eine Prüfung und Bestandsaufnahme aller Projekte mit einer Ressourcenbindung von über 25 000 Euro durch. Eine Basis der Beurteilung ist die Checkliste »Resultatorientierung«. Im vorliegenden Fall wird ein Projekt zum Vertrieb von Betriebsgetränken geprüft.

Checkpunkte	Beurteilung der Projektumsetzung/Maßnahmen
1. Sind die Ziele klar?	• Die Ziele sind klar und eindeutig geregelt: • Qualitätsziele sind mit messbaren Kriterien hinterlegt (Marktdurchdringung, Betreuungsqualität). • Die Kostenziele sind auf die einzelnen Funktionen heruntergebrochen (Einkauf, Aufstellung und Betreuung der Geräte, Handelswaren-Vertrieb, Vermarktung, Abrechnung).
2. Sind Mittel (Ressourcen) und Maßnahmen festgelegt?	• Sämtliche Projektressourcen sind detailliert pro Maßnahme und Funktion geplant. Die Projektauftraggeberin (Fr. Herzog) erhält monatlich im Rahmen des Projektcontrollings vom Projektleiter (Meier) einen Ressourcen-Statusbericht. • Maßnahmenlisten zur Umsetzung werden gepflegt und laufend aktualisiert (Aufnahme ins Controlling). • Schlüsselmaßnahmen sind in den entsprechenden Jahreszielplanungen festgeschrieben.
3. Ist für persönliche Verantwortung gesorgt?	• Sowohl methodisch als auch inhaltlich stimmt die Verbindlichkeit und der »Druck«, der durch das Projekt hervorgerufen wird.
4. Konzentrieren sich alle auf Weniges?	• Durch die gegebene Doppelfunktion im Projekt und in der Linie sind Projektleitung und -mitarbeiter in ständiger Gefahr der Verzettelung. • Die ausgewiesene Explosion bei den Überstunden ist dadurch erklärbar. Generell sollen diese Personen nur mehr eine Linienbindung von maximal 30 % erhalten.
5. Werden die richtigen Diskussionen geführt? (über Ziele, Mittel, Maßnahmen und Verantwortung)	• Dies alles läuft vorbildlich.
6. Werden Hilfsmittel verwendet? (Projektauftrag, Balkenplan, Aufgabenlisten)	• Auch hier zeigt sich die Professionalität der Projektführung. • Nach Projektende werden Meier und Malenowitsch das hausinterne Projektmanagement-Handbuch aktualisieren und selbst das interne Projektseminar als Referenten bestreiten.

Aus den Ausführungen zu den Erfolgsfaktoren, Aufgaben und Werkzeugen kann ein *Resultatprofil* im Projektmanagement erstellt werden. Bei den Erfolgsfaktoren geht es um die Vermittlung der Sinnhaftigkeit des Projektes, die Verantwortung des Top-Managements, die Bildung einer Führungskoalition zur Umsetzung des Projektes, die Anwendung einer klaren Methodik und die kompromisslose Resultatorientierung bzw. Spürbarkeit der Veränderung. Die Aufgaben werden beschrieben durch das Sorgen für Ziele, die Gestaltung der Aufgaben der Projektmitarbeiter, das Organisieren, das Tretten von Entscheidungen und das Kontrollieren bzw. Beurteilen. Die Werkzeuge sind Sitzungen, die persönliche Arbeitsmethodik, die systematische Müllabfuhr, die schriftliche Kommunikation (Bericht) und das Kosten- bzw. Zeitbudget. In Summe handelt es sich um solides Projektmanagement-Handwerk, das hier beurteilt wird. Dieses ist notwendig, damit der Existenzgrund eines Projektes erreicht wird – die Resultate.

Ein Projekt wird pro Faktor anhand der negativen und positiven Ausprägung in einem Kontinuum beurteilt. Dies ist keine Arbeit mit Milimenterpapier oder hochwissenschaftliche Analyse. Oftmals sind spontane Antworten der Projektbeteiligten die beste Erkenntnisquelle. Aus dem Resultatprofil werden im Anschluss Maßnahmen zur Vermeidung der Schwächen oder zur Verstärkung bestehender Kompetenzen abgeleitet. Wichtig sind die sachliche Auseinandersetzung mit den Themen und die Vermeidung persönlicher Schuldzuweisung. Dieses Werkzeug kann vor, während und nach einem Projekt verwendet werden. Auch eignet es sich zur generellen Beurteilung des Projektmanagements in einer Organisation. Die einzelnen Faktoren sind zeitlich stabil und bilden die *Vorsteuergrößen für das Projektresultat*.

Resultatprofil			Werkzeug
Beurteilungsfaktor	**negativ**		**positiv**
1. Vermittlung der Sinnhaftigkeit	nicht gegeben, vergessen, nur global		klar gegeben, konkret aufgezeigt
2. Verantwortung des Top-Managements	nicht vorhanden, nur Lippenbekenntnis		unzweifelhaft und glaubhaft
3. Führungskoalition zur Umsetzung	nicht geschehen, unterschätzt		vorhanden, aktiv und sichtbar
4. Anwendung einer klaren Methodik	zufällig, nicht existent		in allen Phasen eingebaut
5. Resultatorien-tierung/spürbare Veränderung	Alibi-Projekt, keine Spürbarkeit		in allen Phasen spürbar, echte Veränderung
6. für Ziele sorgen	keine SMART-Ziele, keine Zielmethodik		echte SMART-Ziele klarer Zielprozess
7. Aufgaben der Projekt-Mitarbeiter gestalten	kein Transfer vom Projekt in die Aufgaben		echter Transfer in die Aufgabenebene
8. Organisieren	Chaos, keine AKV, keine Abgrenzung zur Linie		klare AKV und Abgrenzung zur Linie
9. Entscheidungen treffen	kein/wenig Entschei-den und Verantworten		Entscheiden und Verantworten
10. Kontrollieren und beurteilen	zu inkonsequent, nicht vorhanden		konsequent durchgeführt
11. Sitzungen	unprofessionell, ohne Struktur und Ergebnis		Struktur und Ergebnisse
12. persönliche Arbeitsmethodik	unbekannt, unterschätzt, nicht eingefordert		bekannt, ständiges Verbessern
13. systematische Müllabfuhr	unbekannt, unterschätzt, nicht gemacht		bekannt, immer wieder angewendet
14. schriftliche Kommunikation	unstrukturiert, zu lan-ge, schlechte Ablage		strukturiert, klare Aussagen und Ablage
15. Kosten- und Zeitbudget	kein Führungs-werkzeug, Chaos		Verwendung als Führungswerkzeug

Resultatprofil			Beispiel Maschinenbau

Ein international tätiges Maschinenbauunternehmen prüft in allen Ländergesell-schaften die Vorsteuergrößen der Projektresultate. Dazu werden die großen und repräsentativen Projekte der letzten drei Jahre beurteilt. Aus den Ergebnissen werden fünf Themenfelder ausgewählt und konkrete Verbesserungen eingeleitet.

Beurteilungsfaktor	negativ		positiv
1. Vermittlung der Sinnhaftigkeit	nicht gegeben, verges-sen, nur global		klar gegeben, konkret aufgezeigt
2. Verantwortung des Top-Manage-ments	nicht vorhanden, nur Lippenbekenntnis		unzweifelhaft und glaubhaft
3. Führungskoaliti-on zur Umsetzung	nicht geschehen, unter-schätzt		vorhanden, aktiv und sichtbar
4. Anwendung einer klaren Me-thodik	zufällig, nicht existent		in allen Phasen ein-gebaut
5. Resultatorien-tierung/spürbare Veränderung	Alibi-Projekt, keine Spürbarkeit		in allen Phasen spür-bar, echte Verände-rung
6. für Ziele sorgen	keine SMART-Ziele, keine Zielmethodik		echte SMART-Ziele klarer Zielprozess
7. Aufgaben der Projekt-Mitarbeiter gestalten	kein Transfer vom Pro-jekt in die Aufgaben		echter Transfer in die Aufgabenebene
8. Organisieren	Chaos, keine AKV, keine Abgrenzung zur Linie		klare AKV und Ab-grenzung zur Linie
9. Entscheidungen treffen	kein/wenig Entscheiden und Verantworten		Entscheiden und Ver-antworten
10. Kontrollieren und beurteilen	zu inkonsequent, nicht vorhanden		konsequent durchge-führt
11. Sitzungen	unprofessionell, ohne Struktur und Ergebnis		Struktur und Ergeb-nisse
12. persönliche Arbeitsmethodik	unbekannt, unter-schätzt, nicht einge-fordert		bekannt, ständiges Verbessern
13. systematische Müllabfuhr	unbekannt, unter-schätzt, nicht gemacht		bekannt, immer wie-der angewendet
14. schriftliche Kommunikation	unstrukturiert, zu lange, schlechte Ablage		strukturiert, klare Aussagen und Ablage
15. Kosten- und Zeitbudget	kein Führungswerk-zeug, Chaos		Verwendung als Füh-rungswerkzeug

2. Leistungsmessung

Die *Leistungsmessung* von Projekten erfolgt nicht einmalig und nur selten fallbezogen, sondern in regelmäßigen Abständen. Zur Steuerung – insbesondere von längeren Projekten – empfiehlt es sich, Zeitreihen aufzubauen und den Istwert mit den entsprechenden Zielwerten zu verbinden. Dadurch wird die Leistung in Beziehung zu den Zielen gesetzt, Abweichungen werden dokumentiert und produzieren einen »Zwang zur Auseinandersetzung«. Üblicherweise nimmt die menschliche Wahrnehmung die negative Abweichung als erstes und am intensivsten wahr. Wenn etwa Auftragseingänge in einem Vermarktungsprojekt unter Plan sind, dann wird mit Akribie nach Ursachen und Lösungen gesucht. Dieser negative Abweichungsfilter ist sinnvoll und Zeichen von Verantwortung für Ziele. Demgegenüber werden positive Abweichungen nicht oder mit nur marginaler Gewissenhaftigkeit geprüft. Dies liegt an einer gewissen Zufriedenheit oder Selbstverständlichkeit solcher Resultate. An dieser Stelle ist in gleicher Weise nachzuprüfen, warum eine Leistung so gut war, ob die Sache auszubauen ist oder ob ein Fehler in der Planung vorliegt, dass die Messlatte so leicht übersprungen wurde.

Die Dimensionen eines Projektes liegen in den drei Elementen, die als »magisches Dreieck« im Projektmanagement bekannt geworden sind: Qualität, Zeit, Kosten.
- *Qualität:* Produkt- oder Dienstleistungsqualität aus Kundensicht
- *Zeit:* Zeit der Leistung (Lieferung, Umsetzung, Erfüllung)
- *Kosten:* Kostenziele des Projektes (Sach- und Personalkosten)

Durch das Messen von Projektleistungen wird ein deutliches Feedback zur *Leistungsfähigkeit* gegeben[4]. Dieses Feedback ist eine Grundvoraussetzung für das Verbessern der Projekte in ihrer inneren Logik, in den Aufgaben, Kompetenzen und Verantwortlichkeiten. Messen ist die wohl intensivste und objektivste Form der Auseinandersetzung aller Beteiligten mit dem, was sie tun und für einen Kunden leisten. Werden die Messergebnisse in den Führungsprozess eines Projektes eingebracht, Maßnahmen abgeleitet und umgesetzt, so entsteht ein positiver Sog in Richtung Verbesserung.

Leistungsmessung eines Projektes	Werkzeug
Projekt	
Projektauftraggeber/ Projektleiter	
Projektdauer	
Projekt	

Projektziel/ Leistungsversprechen	Kennzahl/Messvorschrift	Verantw.	Takt der Messung

| Leistungsmessung eines Projektes | **Beispiel Landwirtschaft** |

Eine landwirtschaftliche Genossenschaft führt ein halbjährliches Vermarktungsprojekt «Lebensmittel aus der Region» in lokalen Kaufhäusern durch. Das Projekt ist ein Pilot und auf ein halbes Jahr beschränkt. Vor Projektbeginn werden die Voraussetzungen für die Leistungsmessung geschaffen.

Projekt	Lebensmittel aus der Region
Projektauftraggeber/ Projektleiter	Präsidium Genossenschaft (Präsident: A. Huber)/B. Gantner
Projektdauer	01.05. bis 31.10.

Projektziel/ Leistungsversprechen	Kennzahl/Messvorschrift	Verantw.	Takt der Messung
1. Plakatpräsenz in allen lokalen Kaufhäusern	Permanente Präsenz mit Plakaten bei 90 % der hoch frequentierten Lagen (vgl. Liste)	Meier	zweimal pro Woche
2. Werbeeinschaltung in lokalen Medien	Abwechselnde wöchentliche Schaltung in den Medien A, B, C (mind. eine halbe Seite)	Henrik	wöchentlich
3. Verkaufspräsenz an den beiden Verkaufstagen Mittwoch und Samstag in allen Kaufhäusern	Präsenz mit 3 bis 5 Ständen mit dem Grundsortiment plus ein bis zwei Spezialsortimenten	Gantner	zweimal pro Woche
4. Mindestumsatz bei xx Euro pro Stand plus Folgewirkung für Vermarktung	Umsatzprüfung pro Stand und Prüfung der Folgewirkung (Anzahl von Abo-Kisten, Haushalts-Belieferungs-Verträge…)	Gantner	zweimal pro Woche
5. Kundenzufriedenheit	Zufriedenheit (in Form einer Kundennutzen-Erhebung) bzgl.: • Frische/Optik • Attraktivität der Ware • Freundlichkeit • Beratung	Kolber	einmal pro Monat
…	…	…	…

4.2 Aufgabenliste und Stellenbeschreibung

Aufgabenliste und Stellenbeschreibung sind die direkte Fortsetzung der Resultatorientierung über konkrete Aktivitäten (Aufgabenliste) und über die Funktion (Stellenbeschreibung). Damit ist das von Personen unabhängig formulierte Projektziel mit den konkreten Personen verbunden. Beide Instrumente sind relativ einfach anzuwenden und einzusetzen. Sie sind Führungswerkzeug und Umsetzungsvoraussetzung in einem.

1. *Aufgabenliste,*
2. *Stellenbeschreibung.*

1. Aufgabenliste

Früher oder später geht es in jedem Projekt um die Frage »Wer macht was bis wann?« Ein Projekt durchzuführen ist eine anspruchsvolle Aufgabe. Jedes Projekt muss gesteuert werden. Das ist mühselig und braucht eine Unmenge von Zeit und Energie. Vor allem aber müssen *Werkzeuge* eingesetzt werden. Bei einem Tischler oder einem Zahnarzt ist sofort klar, welche Werkzeuge, Instrumente oder Hilfsmittel verwendet werden. Vielen Menschen ist aber nicht bewusst, dass sie im Projektmanagement auch Werkzeuge verwenden müssen. In letzter Zeit ist eine Vielzahl solcher Instrumente auf den Markt gekommen: Software für Projektmanagement, Beamer oder Zeitplansysteme. All das ist sehr effektiv – vorausgesetzt, dass sie richtig angewendet werden. Den meisten von ihnen ist aber gemeinsam, dass sie sehr viel Übung benötigen, dass sie techniklastig und teuer sind.

Eines der wirksamsten Mittel des Projektmanagements ist die *Aufgabenliste*. Ein Blatt wird in drei Spalten eingeteilt. Diese drei Spalten sind Platzhalter für die wichtigste Frage im Projekt: »Wer macht was bis wann?« Es gibt keine wirksamere Frage, um die Umsetzung von Projekten sicherzustellen[5]. Bei der Erarbeitung einer solchen Aufgabenliste haben sich in der Praxis einige wenige Grundsätze bewährt:

- Wenn eine Aufgabe aufgeschrieben wird, muss sie einen Bezug zum Ziel des Projektes haben. Alles andere ist Fleißaufgabe und lenkt nur ab.
- Die Formulierung soll am Ergebnis orientiert sein, z.B. »Die Informationsbroschüre ist bis 31.10. erstellt und durch den Vertrieb bis 30.11. verteilt.« Das ist keine Wortklauberei, sondern der wirksame Einsatz von klarer Sprache in der Umsetzung.
- Eine konkrete Person ist verantwortlich und nicht ein Team. Gerade in schwierigen Situationen muss es einen Ansprechpartner geben, weil die Verantwortung sonst herumdelegiert wird. In diesem Zusammenhang können pauschalverantwortliche Teams eine große Gefahr für die Umsetzung sein.
- Es ist besser, Termine knapp zu setzen und vom Endresultat des Projektes zurückzurechnen. Gestreckt werden kann ein Zeitpunkt immer, verkürzt aber nur selten.
- Aufgabenlisten sind offenzulegen. Alle Projektmitarbeiter haben die aktuellen Listen und können sich so besser abstimmen.
- Wenn eine Aufgabenliste geschrieben wird, dann muss sie auch verfolgt werden. Dies ist kein Zeichen für Misstrauenskultur, sondern ein Beweis der Verantwor-

tung, die für die gemeinsame Aufgabe übernommen wird. Ein solches Vorgehen ist zwar unangenehm und bringt keinen Dank. Für wirksames Projektmanagement ist es aber unerlässlich[6].

Die Erstellung einer Aufgabenliste erscheint banal. Dieser Eindruck täuscht. Es ist letztlich harte Arbeit, eine Aufgabenliste mit Terminen und Verantwortlichkeiten zu erstellen. Wann wird eine Aufgabenliste eingesetzt?

- Bei *Sitzungen* und generell bei jeder Art von Besprechung liegt am Ende eine Aufgabenliste vor. Eine Sitzung ist nur dann wirksam, wenn danach klar ist, wer welche Aufgabe bis wann zu erledigen hat. Nebenbei ist dies der beste Test, ob eine Diskussion etwas gebracht hat oder nicht.
- Konzepte, Studien, Projektpläne und Vorschläge müssen eine Aufgabenliste beinhalten, zumindest eine grobe. Die Welt ist voll von schlauen Papieren im Sinne von »man sollte«, »man müsste«, »man könnte«. Die Qualität von Analysen, Leitbildern, Visionen, Grundsätzen oder Denkschriften hängt nicht von ihrer wissenschaftlichen oder rhetorischen Brillianz ab, sondern einzig und alleine vom unmittelbaren Bezug zur Wirklichkeit. Wenn in einem solchen Papier konkrete Aufgaben, Verantwortlichkeiten und Termine fehlen, dann bestehen nur zwei Möglichkeiten: diese Inhalte nachzuarbeiten oder den Altpapiercontainer zu füllen.
- Checklisten sind sehr praktisch, weil sie die Arbeit strukturieren und die Gedanken ordnen. Wirksam werden sie aber nur, wenn parallel eine Liste geführt wird, wer bis wann was macht.

Auch im Projektmanagement gibt es Werkzeuge – wie in jedem anderen Beruf. Bevor die Arbeit startet, sollte überlegt sein, welche Werkzeuge verwendet werden und ob sie helfen, die Ziele zu erreichen. Die Aufgabenliste als Werkzeug hat sich in der Praxis bewährt. Sie ist leicht anzuwenden, benötigt keine technischen Voraussetzungen und kann von allen Projektmitarbeitern erstellt werden[7].

Aufgabenliste			Werkzeug
Nr.	Aufgabe	Termin	Verantw.

Aufgabenliste			**Beispiel Bauindustrie**

Eine Baufirma hat im Zuge eines Organisationsprojektes alle Geschäftsbereiche und Abteilungen neu gestaltet und effizienter gemacht. In jeder Einheit wurden Umsetzungspläne in Form von Aufgabenlisten erstellt. Beiliegend findet sich ein Ausschnitt aus der Kalkulationsabteilung.

Nr.	Aufgabe	Termin	Verantw.
1.	Per sofort gelten folgende Kalkulationsrichtlinien: • Die Variante »ARGE« ist künftig bei Kalkulationen zwingend aufgenommen (vgl. Projekt »Landstraße«). • Kritische Vorhaben werden parallel kalkuliert (»kritisch«: Definition siehe VA 0406)	per sofort	Eder
2.	Ein Deckblatt »Akquisition/Kalkulation« ist eingeführt (Alle wichtigen Angaben auf einem Blatt – vgl. Werkzeug F11-02)	per sofort	Schenk
3.	Eine wöchentliche Kalkulationsrunde (ca. 1h) ist eingerichtet: • Themen: Einteilung der Kapazitäten der Kalkulation, Schwerpunktbildung • Teilnehmer: Kalkulation, Technische Leitung	per sofort	Eder
4.	Bezüglich AGK ist Transparenz hergestellt (Projektprofil mit niedriger AGK-Belastung ausweisen).	30.09.	Schenk
5.	Eine echte Nachkalkulation ist eingerichtet: • Alle Aufträge werden grob nachkalkuliert. • Ausgesuchte Aufträge (kritische Größe, schlechte Ergebnisse, besonders gute Ergebnisse) werden vertiefend nachkalkuliert. • Erfahrungswerte (technische Veränderungen) und Verbesserungsvorschläge werden verbindlich dokumentiert. • Kennziffern aus der Nachkalkulation sind abrufbar.	15.10.	Eder
6.	Die Vorgaben für das nächste Geschäftsjahr liegen vor: Kalkulations-Schwerpunkte (RB, SF), Kalkulationsvolumen	31.10.	Meier
7.	Baustellenordner sind für alle Baustellen zwingend eingerichtet (Pflege: Projektsekretariate): • Inhalte: LV, Sub-Kopien • Abstimmung Inhalt mit TL, OBL	31.10.	Schenk

2. Stellenbeschreibung

In der *Stellenbeschreibung* sind Aufgaben, Kompetenzen und Verantwortlichkeiten dargestellt. Zunächst wird in einem Projekt «entpersonifiziert» geplant, d.h. Ziele, Ablauf und Ressourcen sollen möglichst unabhängig von Personen sein. Die prinzipielle Unabhängigkeit der Projekte von konkreten Personen ist geradezu ein Ziel im Projektmanagement. Damit wird *Standardisierung*, Multiplizierbarkeit und Systematik sichergestellt. Das Funktionendiagramm verbindet Projektaufgaben mit konkreten Personen und mit anonymisierten Stelleninhabern. Aus den Aufgaben werden konkrete Tätigkeiten mit Verantwortung und *Kompetenz* zur Ausführung. Mit den Tätigkeitskürzeln «ausführen», «entscheiden», «planen» entsteht eine Stelle im Projekt. Das Funktionendiagramm vertikal gelesen, ist nichts anderes als eine Stellenbeschreibung.

Bei der Ausformulierung einer Stellenbeschreibung sind als erstes die Bezeichnung der Stelle sowie der vorgesetzten und der stellvertretenden Stelle anzugeben. Damit ist die organisatorische Anbindung definiert. Die vorgesetzte Stelle verweist auf die Hierarchie und auf den Berichtsweg. Als zweites sind Aufgaben, Kompetenzen und Verantwortlichkeiten auszuformulieren. Die Formulierung sollte den Beitrag der Stelle hervorheben. Bewährt hat sich die Formulierung «Der Stelleninhaber sorgt für…». Es geht nicht um eine Auflistung von Tätigkeitsmerkmalen, sondern um die resultatorientierte Beschreibung der Aufgaben. Die *Aufgaben* wiederum sind aus den Zielen und aus dem Projektauftrag ableitbar. Der Zeitaufwand für die einzelnen Aufgaben ist grob abzuschätzen, damit eine Selbstkontrolle und gegebenenfalls eine Anpassung der Stelle erfolgen können. Bewährt hat sich auch ein zeitlicher Puffer im Ausmaß von zehn bis zwanzig Prozent für Unvorhergesehenes, Sonderaufgaben oder Projekte. Drittens sind noch Geltung und Inkraftsetzung festzuschreiben und mit den Unterschriften des Stelleninhabers und des Vorgesetzten offiziell zu machen.

Die Stellenbeschreibung konkretisiert Projekte in Arbeitspakete und Personen. Sie ist damit auch eine Basis für *Jahresziele* und letztlich für die Umsetzung[8]. Aus Zielen einer Organisation oder eines Projektes werden Ziele des einzelnen Mitarbeiters. Angewendet wird die Stellenbeschreibung insbesondere bei großen und anspruchsvollen Projekten, die über einen längeren Zeitraum gehen und in denen mehrere Personen mit ähnlichen Aufgaben mitarbeiten. Bei kleinen Projekten sollte definitiv keine Stellenbeschreibung erarbeitet werden. Hier genügen Projektziele und individuelle Zielvereinbarungen.

Stellenbeschreibung	**Werkzeug**

1. Organisatorische Anbindung

Bezeichnung der Stelle:	Stelleninhaber:	Kurzzeichen:
Bezeichnung der vorgesetzten Stelle:	Vorgesetzter:	Kurzzeichen:
Bezeichnung der stellvertretenden Stelle:	Stellvertreter:	Kurzzeichen:

2. Aufgaben, Kompetenzen, Verantwortlichkeiten

Nr.	Der Stelleninhaber sorgt für...	Aufwand in %

3. Geltung

Die vorliegende Stellenbeschreibung gilt ab dem Tag der beidseitigen Unterzeichnung bis zum Projektende. Sie gibt den aktuellen Stand des Aufgabenbereiches wieder. Die Inkraftsetzung wird durch nachfolgende Unterschriften bestätigt.	
(Datum, Vorgesetzter)	(Datum, Stelleninhaber)

Stellenbeschreibung	**Beispiel Universität**

In einem Großprojekt an einer Universität soll das bestehende Lehrsystem umgestellt werden. Betroffen sind die Institute, die Universitätsverwaltung und die entsprechenden Behörden des Bundes und des Landes. Aus Professorenschaft und Mittelbau werden für die einzelnen Fachgebiete Themenverantwortliche bestimmt, die für Konzept und Umsetzung verantwortlich sind. Für A. Westhoff sieht die Projektstellenbeschreibung wie folgt aus:

1. Organisatorische Anbindung

Bezeichnung der Stelle:	*Stelleninhaber:*	*Kurzzeichen:*
Themenverantwortlicher für Fachgebiet X	A. Westhoff	WEA
Bezeichnung der vorgesetzten Stelle:	*Vorgesetzter:*	*Kurzzeichen:*
Gesamtprojektleiter Lehre	W. Genser	GEW
Bezeichnung der stellvertretenden Stelle:	*Stellvertreter:*	*Kurzzeichen:*
Themenverantwortlicher für Fachgebiet Y	R. Albert	ALR

2. Aufgaben, Kompetenzen, Verantwortlichkeiten

Nr.	Der Stelleninhaber sorgt für...	Aufwand in %
1.	... die Konzeption von Inhalten und Methoden für das Fachgebiet	15 %
2.	... die laufende Anpassung und Überprüfung im Probebetrieb (erstes Jahr)	20 %
3.	... einheitliche, nachvollziehbare und bekannte Richtlinien bzw. Qualitätsvorgaben für die Lehre im Fachgebiet	10 %
4.	... Austausch mit gleichen oder verwandten Disziplinen an den Universitäten A, B, C	5 %
5.	... permanenten Austausch und Feedback mit Professorenschaft, Mittelbau und Studentenschaft sowie den betroffenen Stellen in der Universitätsverwaltung	10 %
...	...	...

3. Geltung

Die vorliegende Stellenbeschreibung gilt ab dem Tag der beidseitigen Unterzeichnung bis zum Projektende. Sie gibt den aktuellen Stand des Aufgabenbereiches wieder. Die Inkraftsetzung wird durch nachfolgende Unterschriften bestätigt.	
(Datum, Vorgesetzter)	(Datum, Stelleninhaber)

4.3   Sitzungsmanagement und Sitzungskalender

Ein wichtiges Werkzeug im Projektmanagement ist die *Sitzung* (Workshops, Meetings, Besprechungen)[9]. Sie gehört zum Alltag jeder Art von Organisation: in der Wirtschaft, in der Politik, im Kulturleben und in Verwaltungen. Auf Sitzungen werden Entscheidungen getroffen, Informationen ausgetauscht, Ziele diskutiert. Es gibt weniges, an dem die Kompetenz oder Inkompetenz von Projektleitern so deutlich ersichtlich wird, wie an der Fähigkeit, Sitzungen zu führen und mit einem Sitzungskalender ein Projekt zu organisieren.

1. *Sitzungsmanagement,*
2. *Sitzungskalender.*

1. Sitzungsmanagement

Völlig zur Recht klagen viele Menschen darüber, dass sie zu viel Zeit in zu vielen unwirksamen Sitzungen verbringen. Jeder Aufwand in Projekten wird kalkuliert, jeder Spesenkilometer geprüft. Hingegen wird die *Effektivität von Sitzungen* praktisch nie hinterfragt. Wirksame Sitzungen sind eine wesentliche Voraussetzung für erfolgreiche Projekte.

»best practice« von Sitzungsleitern	Checkliste

1. Sitzungen sind kein Zufallsprodukt. Gute Projektmanager und Sitzungsleiter verfassen am Beginn eines Projektes einen Sitzungskalender mit zeitlicher Planung, Beteiligten, Tagesordnungspunkten.
2. Sitzungsleiter leiten zwar eine Sitzung, diskutieren aber nicht mit, weil sie die Sitzung steuern müssen: Wortmeldungen erteilen, den »Fahrplan« einhalten, auf die Zeit sehen und am Ende der Sitzung Aufgabenlisten erstellen.
3. Sitzungsleiter delegieren so viel wie möglich (z. B. Berichte, Präsentationen), weil sie genug mit der Steuerung der Sitzung zu tun haben.
4. Sitzungsleiter bereiten sich gründlich vor. Häufig fällt der größte Arbeitsaufwand nicht bei einer Sitzung an, sondern in der Vorbereitung und in der abschließenden Protokollierung. Wirksame Sitzungsleiter reservieren sich Zeit zur Vor- und Nachbereitung.
5. Es gibt nur ein Kriterium, ob eine Sitzung wirksam ist oder nicht nämlich die Ergebnisse. Gute Sitzungsleiter steuern darauf hin, dass Beschlüsse gefasst werden und allen klar ist, wer nach der Sitzung welche Aufgabe bis wann zu erledigen hat.

Am besten wird eine Sitzung mit den *Tagesordnungspunkten* gelenkt. Es geht um die Konzentration auf wenige, dafür wichtige Punkte. Überladene Tagesordnungen sind nicht nur Beweis einer schlechten Sitzungskultur, sondern auch ein Zeichen unwirksamer Organisation[10]. Bei jedem Punkt muss klar sein, welcher Zweck erreicht werden soll. Eine genaue zeitliche Angabe und eine konkrete Person als Verantwortlicher sind zugewiesen.

Sitzungsmanagement	Checkliste

1. Die beste Sitzung ist diejenige, die nicht stattfinden muss, weil die Inhalte klar sind und sich alle auf ihre Aufgaben konzentrieren können.
2. Vor der Sitzung ist zu prüfen, ob alles vorbereitet ist (Tagesordnungen, Medien).
3. Die Sitzung muss pünktlich anfangen. Das gilt besonders dann, wenn nicht alle Teilnehmer pünktlich sind. Die Sitzung soll formell begonnen und abgeschlossen werden.
4. Die Sitzung muss im Zeitplan sein. Deshalb ist nicht nur der Beginn einer Sitzung mit einem Zeitpunkt zu versehen, sondern auch jeder Tagesordnungspunkt und das Ende der Sitzung.
5. Soll eine Sitzung produktiv sein, muss sie mit *Disziplin* geführt werden. Eine gute Sitzung bedeutet harte Arbeit. Vor der Sitzung ist zu überlegen, wie Leistungsdruck erzeugt werden kann.
6. Der Sitzungsleiter muss die Aufmerksamkeit aller einfordern. Er ist dafür verantwortlich, dass die Sitzung mit Ergebnissen schließt.
7. Das Wort wird vom Sitzungsleiter erteilt. An diesen geht das Wort auch wieder zurück. Es redet immer nur eine Person. Vielredner sind einzubremsen, inaktive Teilnehmer zur Wortmeldung aufzufordern.
8. Ergebnisse zählen – egal, welchen Stil der Sitzungsleiter hat.
9. Die Anstrengung einer Sitzung für Körper und Geist ist nicht zu unterschätzen. Die Leitung einer Sitzung bedeutet absolute Konzentration.
10. Zu jeder Sitzung gehört ein Protokoll. Wichtiges ist während der Sitzung sofort und ausdrücklich ins Protokoll zu reklamieren.
11. Konsens ist der Idealfall für Sitzungen. Ihn zu erzwingen ist aber Illusion. Auch ein festgestellter oder ausgetragener Konflikt kann ein Ergebnis einer Sitzung sein.
12. Eine Sitzung endet mit einer Maßnahmenliste. Ansonsten ist der Anlass überflüssig gewesen, außer es handelt sich um eine reine Informationsveranstaltung. Am Schluss ist ein Ausblick auf die nächsten Schritte nach der Sitzung zu geben (Umsetzung, nachfolgende Sitzungen).

Das Entscheidende passiert erst nach der Sitzung – die *Umsetzung*[11]. Gute Sitzungsleiter stellen sicher, dass nach jeder Sitzung, vielleicht sogar auch nach jedem Tagesordnungspunkt, eine Aufgabenliste angefertigt wird. Damit wird die beste Voraussetzung für eine wirksame Sitzung geschaffen.

2. Sitzungskalender

Ein konkretes Werkzeug im Projekt ist der *Sitzungskalender*[12]. Dort sind im ersten Schritt die Gremien und die jeweiligen Leiter festzulegen, die für die Lenkung eines Projektes notwendig sind. Dieser Schritt setzt bei der Logik des Funktionendiagramms an. Es geht um wichtige »Querschnittsthemen«, die nur horizontal von mehreren Leuten bewältigt werden können. Umfang und Struktur solcher Themen sind sehr verschieden: von Beauftragungen, Freigaben bis hin zu Schlüsselentscheiden. Wichtig ist in jedem Fall eine klare Struktur der Gremien und Transparenz. Im Sitzungskalender sind daher Gremium, Leitung, Termin, Dauer, Tagesordnungspunkte, Teilnehmer und Protokollant aufzunehmen. Diese Liste wird so zu einem integralen Bestandteil einer Projektorganisation.

Bei der Anzahl der für eine Projektorganisation notwendigen *Gremien* ist von einer möglichst geringen Anzahl auszugehen. Es gibt Führungskräfte mit der Neigung, alle wichtigen Fragen an ein Kollektiv zu delegieren. Niemand ist in solchen Konstellationen verantwortlich, die Themen werden in Endlosschleifen diskutiert und die Leute von der Arbeit abgehalten. Eine enge Liste von Gremien ist Zeichen von professioneller Organisation und von Effektivität. Die Effizienz von Gremien hängt wiederum vom professionellen Sitzungsmanagement ab.

Sitzungskalender				Werkzeug
Sitzung/Leitung	Termin/ Dauer	Tagesordnungspunkte	Teilnehmer	Protokoll

Sitzungskalender				**Beispiel Automotive**

In einem Automobil-Unternehmen werden Entwicklung, Design, Konstruktion, Produktion und After Sales auf ein einheitliches PDM (Produktdaten-Management) umgestellt. Ein solches Mega-Projekt ist nur über professionelle Sitzungen zu steuern. Der *Sitzungskalender* des Projektes sieht wie folgt aus:

Sitzung/Leitung	Termin/ Dauer	Tagesordnungspunkte	Teilnehmer	Protokoll
Steuerungs-Ausschuss	02.03., 05.06., 01.09., 08.12., 08.00 bis 16.00	• Information über den Stand des Projektes • Fortschrittskontrolle • Stand der Umsetzung • Kommunikation nach innen und außen • Unvorhergesehenes/Probleme • Einsatz des Konzern-Vorstandes	Konzern-Vorstand, Projekt-leitung, Bereichs-leiter aus E, D, K, P, A	PL: Schiller
Projektleitungs-Meeting	Jeden 1. und 3. Dienstag im Monat, 08.00 bis 13.00	• Stand der Arbeiten • Umsetzungsbericht der Modulleiter • Schnittstellen, Übergreifende Themen • Budget/Ressourcen-Kontrolle • Kommunikation nach innen und außen • Unvorhergesehenes/Probleme	Projektlei-tung, Leiter der Module 01 bis 08, Bach (als Mentor)	PL: Schiller
Modulmeetings (je Modul)	Jeden 1. und 3. Montag, 08.00 bis 12.00	• Stand der Arbeiten • Status der Umsetzung • Schnittstellen, Übergreifende Themen • Budget/Ressourcen-Kontrolle • Unvorhergesehenes/Probleme • Themen für das Projektleitungs-Meeting	Modulleiter, Kernteams der Module	Modul-leiter

4.4   Tagesordnung und Protokoll

Sitzungen gehören zum Projektalltag. Besonders erfolgsentscheidend sind Besprechungen deswegen, weil in Projekten keine eingespielten Teams und keine bekannten
und gut vorstrukturierten Themen vorliegen[13]. Mit der präzisen Gestaltung von
Tagesordnungen und wasserdichten Protokollen erhöht sich die *Verbindlichkeit*
in Projekten und damit eine Voraussetzung für produktives und zielgerichtetes
Arbeiten.

In der Praxis werden die Themen Tagesordnung und Protokoll vielfach dem
Zufall überlassen. Nicht selten ist die Meinung, dass diese Werkzeuge altertüm-
lich sind und die Kreativität behindern. Demgegenüber gibt es einen eindeutigen
Befund in der Praxis: Projekte, die Resultate erzielen, werden mit diesen Instrumenten gesteuert[14]. Tagesordnungen und Protokolle finden grundsätzlich bei nach-
stehenden Besprechungen Verwendung:

* Bei fixen Projektsitzungen gemäß Sitzungskalender. Gerade hier ist es einfach,
  eine gewisse Routine für Tagesordnungen und Protokolle herzustellen, weil diese
  Sitzungen lange bekannt sind.
* Außerplanmäßige und einmalige Besprechungen sind mit einer Tagesordnung
  zu planen und mit einem Protokoll zusammenzufassen, weil es sich hier meist
  um wichtige Anlässe handelt.

In *Tagesordnungen* sind aufzunehmen: Titel der Sitzung, Zeit, Dauer, Ort, eingela-
dener Personenkreis, Autor der Tagesordnung, Tagesordnungspunkte mit Start und
Ende, Verantwortliche für die einzelnen Tagesordnungspunkte, Verweis auf das Protokoll. Durch eine Tagesordnung wird Orientierung gegeben und Druck zur sorg-
fältigen Vorbereitung aufgebaut.

Das *Protokoll* ist der nachträgliche Abschluss einer Sitzung, d.h. eines zielorien-
tierten und partnerschaftlichen Gesprächs[15]. Ohne Protokoll bleibt jede Besprechung
offen und ohne Ergebnis. Ein vollständiges Protokoll beinhaltet Folgendes:

* Teilnehmer der Besprechung,
* zentrale Aussagen und Zusammenfassungen,
* Entscheide und Aufgaben,
* weiteres Vorgehen/nächste Schritte.

Die *Ernsthaftigkeit* von Sitzungen und Besprechungen zeigt sich in der gründlichen
Vorbereitung in Form einer Tagesordnung und in der gewissenhaften Protokollierung. Beide Instrumente sind der Schlüssel zu Ergebnissen[16].

Tagesordnung	Werkzeug
Tagesordnung	
Datum/Zeit	
Ort	
Einladung an	
von	
Protokoll	

Zeit	Tagesordnungspunkte	Leitung

Tagesordnung	Beispiel Logistik

In einem Logistikunternehmen wurde ein Kostenprojekt (»CUT«) durchgeführt. Folgende Tagesordnung hat die Abschlusssitzung strukturiert.

Tagesordnung	Abschlussveranstaltung Projekt »CUT«
Datum/Zeit	Donnerstag, 28.08., 08.00 bis 13.00
Ort	Sitzungszimmer B02, 1. OG
Einladung an	Geschäftsleitung, Projektteam
von	A. Gruber
Protokoll	M. Freisinger

Zeit	Tagesordnungspunkte	Leitung
08.00	Begrüßung, Verlesung der Tagesordnung, Ziele des Tages	Gruber
	Präsentation der Ergebnisse der Kostenmodule M1 bis M6. Pro Modul wird Folgendes vorgestellt und entschieden: • Kostensenkungspotenzial • Umsetzung (Maßnahmen, Termine, Verantw.)	
08.20	M1: Auftragsleitstelle und Auftragssteuerung	Sieberer
09.00	M2: Kommissionierung	Pirchmoser
09.30	M3: Lager	Neuschmied
10.00	M4: Fuhrpark	Pfluger
10.30	Pause	
10.45	M5: DV	Juffinger
11.15	M6: Administration, Buchhaltung, Personal	Thaler
12.00	Vorstellung der Umsetzungsphase • Umsetzungscontrolling • Einbau in Budget und Jahreszielgespräche	Mayrhofer, Hochfilzer
12.30	Offene Punkte/weiteres Vorgehen	Gruber
13.00	Ende	

Protokoll	Werkzeug
Protokoll	
Datum/Zeit	
Ort	
Teilnahme	
Protokoll	

Ergebnisse	
Anhang	
Verteiler	

Protokoll	Beispiel Logistik

Die Abschlussveranstaltung eines Kostenprojektes (»CUT«) wurde mit folgendem *Protokoll* zusammengefasst:

Protokoll	Abschlussveranstaltung Projekt »CUT«
Datum/Zeit	Donnerstag, 28.08., 08.00 bis 13.00
Ort	Sitzungszimmer B02, 1. OG
Teilnahme	Geschäftsleitung, Projektteam
Protokoll	M. Freisinger

Ergebnisse	Die Ergebnisse der einzelnen Kostenmodule wurden präsentiert. Über das gesamte Unternehmen ergibt sich ein Potenzial von 5,3 Mio. € an einmaligen Effekten und ein jährliches Potenzial von 2,2 Mio. €. Die Zahlen setzen sich aus den einzelnen Kostenmodulen zusammen: • M1: Auftragsleitstelle und Auftragssteuerung • M2: Kommissionierung • M3: Lager • M4: Fuhrpark • M5: DV • M6: Administration, Buchhaltung, Personal Sämtliche Informationen sind in der ausgeteilten Unterlage nachzulesen und im Laufwerk »L« unter »Kostenprojekt« abrufbar (die Teilnehmer der Sitzung sind frei geschaltet). Die einzelnen Potenziale sind mit Umsetzungsvorschlägen unterlegt. Ein gesamthafter Umsetzungsplan liegt vor und wird per 01.09. gestartet. In jeder Geschäftsleitungssitzung wird über den Stand der Umsetzung berichtet (durch Gruber). Die Maßnahmen und Potenziale werden in die Budgets und in die Jahresziele eingebaut. Die Teilnehmer der Abschlussveranstaltung stimmen dem Ergebnis zu und bekennen sich zum Umsetzungsplan. Jeder trägt in seiner Funktion und mit den ihm zugewiesenen Aufgaben zur Realisierung bei.
Anhang	Zusammenfassung des Projektes
Verteiler	Teilnehmer der Sitzung

4.5   Projektübergabe und Projektabschluss

Die meisten Tipps im Projektmanagement beziehen sich auf Themen wie Projekt-start, Kommunikation, Projektführung. Nur selten wird über das Ende eines Pro-jektes gesprochen, insbesondere über eine saubere Projektübergabe. Das gilt ins-besondere dann, wenn Projekte gut laufen. Heutzutage werden sehr viele Projekte professionell geplant und umgesetzt. Hilfsmittel wie Netzplantechnik, Projektsoft-ware und Moderationskoffer gehören zum Alltag jeder Projektarbeit. Plangemäß stellen sich dann Erfolge ein, Kunden sind zufrieden und Mitarbeiter motivieren sich durch die Resultate, die sie erzielt haben. Die meiste Energie wird in einen guten Projektstart gesteckt, weil hier schon der Grundstein für den späteren Erfolg gelegt ist. Projektaufträge, Zeitpläne und Organisationsfragen werden nur selten dem Zufall überlassen. Das ist den meisten Beteiligten bewusst. Demgegenüber kann beobachtet werden, dass Projekte nur sehr selten einen professionellen Abschluss finden[17]. Zwei Werkzeuge haben sich in diesem Zusammenhang bewährt:
1. *Projektübergabe,*
2. *Projektabschluss.*

1. Projektübergabe
Mit dem offiziellen Abschluss ist das Projekt nicht zu Ende. In vielen Fällen müs-sen die Ergebnisse der Linie übergeben werden[18] (z.B. neue Produkte, verbesserte Prozesse, neue und getestete Software). Die sogenannte »Management-Attention« geht selten über den Projektabschluss hinaus. Gerade dann muss die Projektlei-tung auf diesen letzten und entscheidenden Schritt drängen und eine präzise Pro-jektübergabe organisieren. Die Übergabe wird mit einem *Abnahmeprotokoll* doku-mentiert. Folgende Inhalte werden aufgelistet:
- Darstellung des Projektes (Ziel, Phasen, Termine, Beteiligte, Ansprechper-sonen),
- aktuelle Situation mit Ende des Projektes,
- Projektergebnisse (wie etwa Dokumentationen, Pflichtenheft, Lastenheft),
- Übergabe an die Linie (Aufgaben, Kompetenzen und Verantwortlichkeiten),
- offene Punkte/Aufräumarbeiten,
- Folgekosten und -leistungen (z.B. Fehlerlisten, Gewährleistungsverpflichtungen) und
- Umsetzungscontrolling ab der Projektübergabe.

Alle am Projekt Beteiligten müssen wissen, wer nach dem formellen Ende angespro-chen werden kann. Diese Person muss nicht zwingend der Projektleiter sein. Ein Ansprechpartner stellt sicher, dass die Erfahrungen aus dem Projekt »ein Gesicht« haben (z.B. für Fragen der Projektdokumentation, der Organisation oder der Metho-dik).

Projektübergabe	Werkzeug
Projekt	
Übergabe per	
Projektbeteiligte	
Projektziel	
Phasen und Meilensteine	
Aktuelle Situation im Projekt	
Übergabe von: • Aufgaben • Kompetenzen • Verantwortung	
Umsetzungscontrolling	

Projektübergabe	**Beispiel Energiewirtschaft**

Drei Energiegesellschaften haben in einem Kooperationsprojekt konkrete Felder der Zusammenarbeit definiert. Nach Projektschluss wurde eine *Projektübergabe* eingeleitet und dokumentiert.

Projekt	Kooperation Millenium
Übergabe per	01.12.
Projektbeteiligte	• Auftraggeber und Projektausschuss: E-Werk A (Meier), Stadtwerke B (Müller), Energie C (Schmidt) • Projektleitung und Verantwortung für Projektübergabe: Berger
Projektziel	• Erschließung von Kooperationspotenzialen bezüglich Einkauf, Lager/Werkhöfe, Gerätepool, Personal, Investment, Leit- und Schutzsysteme • Einsparungsziel von 130 Mio. €
Phasen und Meilensteine	• Analyse der Potenziale (01.03 bis 31.08) • Maßnahmen zur Potenzial-Erschließung (01.09 bis 30.11.) • Projektübergabe und Start der Umsetzung (01.12.)
Aktuelle Situation im Projekt	• Die Potenziale sind mit ca. 160 Mio. € erschlossen. • Relativ rasch umsetzbar sind die Bereiche: Einkauf, Lager/Werkhöfe, Gerätepool, Leit- und Schutzsysteme. • Umsetzungsmaßnahmen liegen vor und können gestartet werden.
Übergabe von: • **Aufgaben** • **Kompetenzen** • **Verantwortung**	• Die Umsetzungsmaßnahmen sind pro Kooperationsunternehmen festgelegt. Als Umsetzungsverantwortliche pro Unternehmen fungieren: E-Werk A (Pestalozzi), Stadtwerke B (Rogge), Energie C (Steiner). • Die Potenziale, die sich aus dem Zusammenschluss definierter Funktionen und Prozesse über alle Kooperationsunternehmen ergeben, liegen vor. Die Umsetzungsverantwortung hat Helmer. Unterstützt wird Helmer hierbei von folgenden Personen: E-Werk A (Hagen), Stadtwerke B (Tronje), Energie C (Wagner). • Die Umsetzung des Personalthemas wird von Schulte-Henkel verantwortet. Die offenen Punkte werden mit den Betriebsräten geklärt (Statusbericht bis 20.12.).
Umsetzungs-controlling	• Verantwortung: Helmer (ab 01.12.) • Umsetzungs-Ausschuss: E-Werk A (Meier, Berger), Stadtwerke B (Müller, Helmer), Energie C (Schmidt) • Bericht: jeden ersten Montag im Monat 13.00 bis 18.00

2. Projektabschluss

Der *Projektabschluss* ist eine der wichtigsten Phasen im Projekt[19]. Sehr effektiv sind Feedback-Runden nach dem Projekt, in denen die Beteiligten noch einmal ihre Eindrücke und Erfahrungen diskutieren können. Themen eines strukturierten *Projektabschlussgespräches* sind nachfolgend zusammengefasst.

Projektabschlussgespräch	Checkliste
1. Hat das Projekt einen nachhaltigen Kundennutzen gestiftet? 2. Gibt es eine systematische Bewertung des Kunden hinsichtlich des Ergebnisses? 3. Wurde immer auf das Projektziel hingearbeitet? 4. Wo ist die Projektgruppe erfolgreich gewesen? Wo nicht? 5. Wie wurde zusammengearbeitet? 6. Haben alle ihre Stärken im Projekt einbringen können? 7. Wurden die Projektphasen eingehalten? Wie war die Termindisziplin? 8. Wie hat sich der Ressourcenplan bewährt? Wo gab es Abweichungen nach oben oder nach unten? Wie ist es dazu gekommen? 9. Sind die Projektkonten geschlossen und Abschlussrechnungen erstellt? 10. Waren Aufgaben, Kompetenzen und Verantwortlichkeiten klar geregelt und nachvollziehbar? 11. War das Projekt zielgerichtet organisiert? 12. Sind die Projektbeteiligten entlastet? 13. Wie werden die Projektbeteiligten wieder in ihre Heimatorganisation »integriert«? 14. Ist die Verwendung und Rücknahme der Projektinfrastruktur gewährleistet? (z.B. Kopierer, Büros, Medien, DV-Ausstattung)	

Die Ergebnisse einer solchen Diskussion sind sehr aufschlussreich für andere Projekte. Alles kann festgehalten werden und in der *Projektdokumentation* für andere zugänglich sein[20]. Nebenbei entsteht auch ein persönliches Feedback über den eigenen Beitrag im Projekt. Im Projektabschlussbericht werden die wesentlichen Punkte zusammengefasst. Ein wichtiger Bestandteil eines professionellen Abschlusses sind eine abschließende *Leistungsmessung* des Projektes und eine *Mitarbeiterbeurteilung*, die auch an die jeweiligen Vorgesetzten der Projektmitarbeiter gesendet wird.

Es ist modern geworden, über Wissensmanagement zu sprechen. Eine kurze und brauchbare Zusammenfassung des Projektes ist ein praktischer Fall für dieses »Wissensmanagement«. In jedem Projekt wird Wissen produziert und dieses soll verfügbar gemacht werden. Eine gut strukturierte Dokumentation ist der beste Beitrag dafür, dass die Erfahrungen, die im Projekt gesammelt wurden, auch anderen Nutzern zugänglich sind. Bei einem Neustart des Projektes mit einem ähnlichen Auftrag ist eine systematische Dokumentation ebenfalls eine enorme Arbeitserleichterung, weil vieles schon erfunden worden ist. Was muss eine solche Dokumentation enthalten?

- Namen und Adressen von Projektmitarbeitern, Kunden,
- Projekttagebuch in Kurzform,
- Wichtiges in Papierform: Aussendungen, Artikel, Flyer, Protokolle,

- Beschreibung des Vorgehens im Projekt: Projektauftrag, Arbeitsschritte, Meilensteine, Zeitplan, Balkenplan, Funktionendiagramm,
- Angaben über die Ressourcen: Arbeitszeit, Budget, Arbeitsmittel.

Bei der Projektdokumentation gilt insbesondere, dass es nicht auf den Umfang ankommt, sondern auf die Geschwindigkeit, mit der Informationen wieder gefunden und genutzt werden.

Ein Spezialfall des Projektabschlusses ist der *Projektabbruch*. Nachdem sich so etwas niemand wünscht, wird auch nicht gerne darüber gesprochen. Trotzdem kann es vorkommen, dass Projekte vorzeitig beendet werden müssen. Die Gründe können verschieden sein:
- völlige Veränderung der Rahmenbedingungen,
- Inkompetenz von Projektleiter oder Projektgruppe,
- deutliche ressourcenmäßige oder zeitliche Überschreitung des Projektplanes,
- Aufgehen des Projektes in einem anderen,
- bewusste Ausbremsung durch die Organisation und durch maßgebliche Entscheidungsträger (»Projektmobbing«),
- Verzettelung der Organisation mit zu vielen Projekten und daher systematische Müllabfuhr von weniger wichtigen Projekten.

Methodisch gibt es an sich keinen großen Unterschied zwischen Projektabschluss und Projektabbruch. In beiden Fällen muss eine Übergabe stattfinden. Selbst in abgebrochenen Projekten fallen Zwischenergebnisse, Maßnahmenvorschläge und erreichte Resultate an. Es ist Aufgabe der Projektleitung und der Führung des Unternehmens, das Erreichte in die Organisation oder in ein weiterführendes Projekt einzuspielen. Als Werkzeug kann hier die Projektübergabe dienen. Zusätzlich empfiehlt sich eine abschließende Reflexion und ein Abschluss-(Abbruch-)Bericht. Gerade in diesem Fall können interessante Schlussfolgerungen für die Zukunft gezogen werden, nämlich: Was ist zu tun, damit künftig keine Projekte abgebrochen werden müssen und an Stelle des Abbruches ein erfolgreicher Abschluss steht?

Projektabschlussbericht	Werkzeug
Projekt	
Datum	
Bericht durch	
1. Gesamteindruck	
2. Reflexion Zielerreichung	
3. Reflexion Ressourcen	
4. Reflexion Organisation, AKV und Spielregeln	
5. Lessons learnt für andere Projekte	
6. Projektübergabe	
7. Dokumentation/ Projekthandbuch	
Verteiler	

Projektabschlussbericht	Beispiel Rettungsdienst

Ein nationaler, privat organisierter Rettungsdienst hat sein Rettungsnetz in Form eines Projektes neu organisiert. Nach der Übergabe wurde durch die Projektgruppe ein Abschlussgespräch geführt und in Form des Abschlussberichtes festgehalten.

Projekt	Reorganisation Rettungsnetz
Datum	06.10.
Bericht durch	M. Oberhofer (Projektleiter) – genehmigt durch Projektgruppe beim Gespräch am 06.10.
1. Gesamteindruck	• In Summe ist die Projektgruppe mit den Resultaten, der Methodik und der Übergabe/Umsetzung zufrieden. Verbesserungspunkte sind unter »lessons learnt« dargestellt.
2. Reflexion Zielerreichung	• Alle gesteckten Ziele wurden inhaltlich erreicht. Der ursprüngliche Zeitplan wurde um zwei Monate überschritten (keine negative Auswirkung auf die Umsetzung). • Die Grundlogik der Phasen hat sich im Wesentlichen bewährt. Regelmäßig fanden Reflexionsrunden und Standortbestimmungen statt.
3. Reflexion Ressourcen	• Die Projektressourcen wurden deutlich überschritten (plus 20 %). • Unterschätzt wurden v.a.: Reisekosten, Arbeitszeit.
4. Reflexion Organisation, AKV und Spielregeln	• Die Projektorganisation war zweckmäßig. • Die anfänglich zu geringe Einbindung der Niederlassungen wurde rasch verändert.
5. Lessons learnt für andere Projekte	• Die Ressourcenplanung muss von Anfang an präziser sein. • Die Beteiligten (insbesondere aller Umsetzer) sind frühzeitig einzubinden.
6. Projektübergabe	• Die Projektübergabe ist am 30.09. erfolgt. • Die wichtigsten Ziele sind in der Zielvereinbarung für das nächste Jahr aufgenommen.
7. Dokumentation/ Projekthandbuch	• Die physische Projektdokumentation findet sich bei M. Oberhofer. • Die elektronische Dokumentation aller Dateien ist im Laufwerk »P«.
Verteiler	Geschäftsführung, Leiter Organisation, Projektgruppe, Landes-Niederlassungsleiter

Literatur

1   Vgl. *Malik, F.*, malik on management m.o.m.®-letter, Konzentration auf Weniges, Nr. 05/99, Beitrag ans Ganze, Nr. 07/99 und Resultatorientierung, Nr. 03/00.

2   *Turner, J./Simister, S.* (Hrsg.), Gower Handbook of Project Management, Aldershot 2000, S. 431 ff.

3   Vgl. *Ehrl-Gruber, B./Süss, G.*, Praxishandbuch Projektmanagement, Augsburg 1996, Kap. 2.3.

4   Vgl. *Drucker, P.*, Sinnvoll wirtschaften. Notwendigkeiten und Kunst, die Zukunft zu meistern, Düsseldorf-München 1997, S. 336.

5   Vgl. *Gareis, R.* (Hrsg.), Projektmanagement im Maschinen- und Anlagenbau, Wien 1991, S. 69 ff.

6   *Cleland, D.*, Project Management – Strategic Design and Implementation, New York 1994, S. 335.

7   *Burghardt, M.*, Projektmanagement – Leitfaden für die Planung, Überwachung und Steuerung von Entwicklungsprojekten, Berlin-München 1993, S. 326.

8   Vgl. *Malik, F.*, malik on management m.o.m.®-letter, Umsetzen, Nr. 05/98.

9   *Malik, F.*, Führen Leisten Leben. Wirksames Management für eine neue Zeit, Stuttgart-München 2000, S. 280.

10 Vgl. *Drucker, P.*, Die ideale Führungskraft. Die hohe Schule des Managers, Düsseldorf 1995, S. 87 ff.

11 Vgl. *Malik, F.*, malik on management m.o.m.®-letter, Ein weiteres Management-Werkzeug: Die wirksame Sitzung, Nr. 06/94.

12 Vgl. *Stöger, R.*, Prozessmanagement, Stuttgart 2009, S. 203.

13 Vgl. *Patzak, G./Rattay, G.*, Projektmanagement – Leitfaden zum Management von Projekten, Projektportfolios und projektorientierten Unternehmen, Wien 1997, S. 281 ff.

14 *Gareis, R.* (Hrsg.), Projektmanagement im Maschinen- und Anlagenbau, Wien 1991, S. 244.

15 Vgl. *Hansel, J./Lomnitz, G.*, Projektleiter-Praxis, Berlin 2000, S. 73.

16 *Briner, M./Geddes, M./Hastings, C.*, Project Leadership, Cambridge 2001, S. 85.

17 Vgl. *Hansel, J./Lomnitz, G.*, Projektleiter-Praxis, Berlin 2000, S. 139 ff.

18 *Burghardt, M.*, Projektmanagement – Leitfaden für die Planung, Überwachung und Steuerung von Entwicklungsprojekten, Berlin-München 1993, S. 381.

19 Vgl. *Patzak, G./Rattay, G.*, Projektmanagement – Leitfaden zum Management von Projekten, Projektportfolios und projektorientierten Unternehmen, Wien 1997, S. 377 ff.

20 *Gareis, R.* (Hrsg.), Projektmanagement im Maschinen- und Anlagenbau, Wien 1991, S. 253.

Projekte und Management

Projektstart und Projektauftrag	⇐	Projekt-steuerung und Multi-Projekt-Management

⇓

| Projektanalyse und Projektplanung | ⇐ | |

⇓

| Projektumsetzung und Projektabschluss | ⇐ | |

5 Projektsteuerung und Multiprojekt-Management

5.1 Projektcontrolling und Risikomanagement

Projektarbeit hat sich in allen Organisationen durchgesetzt. Wirtschaft, Gebietskörperschaften, Vereine, Verbände und Nonprofit Organisationen verwenden heute die Projektmethodik, weil sie damit ihre Ziele besser umsetzen können. Projekte werden heute aber auch länger in ihrem zeitlichen Rahmen. Sie werden größer und zunehmend komplizierter. *Controlling* ist ein geeignetes Instrument, um vor diesem Hintergrund wirksames Projektmanagement zu unterstützen[1].

»Controlling« kommt aus dem Englischen und darf nicht eins zu eins mit dem deutschen Wort »kontrollieren« übersetzt werden. Die korrekte Übersetzung lautet »steuern« und »lenken«. Und darin liegt auch der Hauptzweck von Controlling. Es ist als Werkzeug zur Unterstützung von Projekten zu sehen. Wie fast überall im Projektmanagement so gilt auch hier: Controlling ist keine Wissenschaft und kein Tummelfeld für Spezialisten. Vor allem als Projektleiter sind ein paar Grundsätze für effektives Projektcontrolling zu beachten:

1. *Controlling liegt in der Verantwortung der Projektleitung und nicht des Projektcontrollers.*
2. *Controlling beginnt mit dem Projektstart.*
3. *Controlling ist Finanz- oder Umsetzungscontrolling.*
4. *Controlling steht und fällt mit dem Berichtwesen.*

1. Controlling liegt in der Verantwortung der Projektleitung und nicht des Projektcontrollers

Controlling ist in seinem Kern eine Führungsaufgabe, weil letztendlich nur Projektleiter »steuern« und »lenken«. Die Verantwortung für ein Projekt können sie nicht delegieren. Gerade in großen Projekten werden Spezialisten eingesetzt, welche die Projektleiter unterstützen, indem sie Berichte verfassen, Zahlen zusammentragen und auswerten. Das ist sinnvoll, ändert aber nichts an der *Controlling-Verantwortung* der Projektleitung. Lenkung und Steuerung ist Führungsaufgabe[2].

2. Controlling beginnt mit dem Projektstart

Zunächst ist die wichtigste und schwierigste Frage in Projekten zu klären: »Woran ist zu erkennen, ob das Projektziel erfolgreich erreicht wurde?« Es zeigt sich in der Praxis, dass viele Projekte in ihrem *Projektziel* sehr undeutlich sind. Wenn etwa von »Bewusstseinsänderung« als Ziel gesprochen wird, so kann die oben gestellte Frage praktisch nicht beantwortet werden. Die Projektleitung und ein sinnvoll verstandenes Controlling müssen daher das Projektziel soweit schärfen, dass die Zielerreichung messbar bzw. beurteilbar ist. Die besten Projektziele sind beispielsweise so formuliert: »Ab 30.06. ist die Hälfte der Produktionskapazität auf das neue Fertigungsverfahren umgestellt«, oder »80% der Apotheken werden für die Winterbevorratung von unserem Außendienst bis 30.09. angeschrieben«. Nur auf Basis eines transparenten und nachvollziehbaren *Projektauftrages* und auf Grundlage eines präzisen Projektziels ist wirksames Projektcontrolling möglich.

3. Controlling ist Finanz- oder Umsetzungscontrolling

Prinzipiell ist zu klären, wie Controlling eingesetzt werden soll. Es gibt im Prinzip zwei Varianten. Die erste nennt sich *Finanzcontrolling*. Zentral ist die finanzielle Steuerung[3]. Der Controller muss die Nachprüfbarkeit und die Rechenschaft von Budgets sicherstellen, mit anderen Worten: ob die finanziellen Mittel zweckmäßig eingesetzt worden sind. Für diese Aufgabe muss ein Controller eher ein Buchhalter und darum zahlenaffin sein. Die zweite Variante ist das *Umsetzungscontrolling*. Die Schlüsselaufgabe für den Controller lautet: nachschauen und dokumentieren, ob und wie der Projektauftrag und die Maßnahmen umgesetzt werden. In Bayern wird ein solcher Job liebevoll als »Wadelbeißer« beschrieben, in der Schweiz als »Kümmerer«. Controlling bedeutet in diesem Zusammenhang das Antreiben des Projektes.

In vielen Projekten ist unklar, welche Controllingvariante benötigt wird. Dadurch kommt es permanent zu Verwechslungen und Missverständnissen. Am Projektbeginn ist darum zu entscheiden, welches Controlling notwendig ist und wer welche Aufgaben zu übernehmen hat. Danach richten sich auch die Anforderungen an den Projektcontroller.

4. Controlling steht und fällt mit dem Berichtwesen

Der vierte Schritt ist die Klärung und die Fixierung des *Berichtwesens*. Es geht um die Frage, welche Informationen das Projektcontrolling liefern muss. Dies kann aber nur die Projektleitung vorgeben und nicht der Controller. Es empfiehlt sich, einen gewissen Formalismus aufzubauen, z.B. mit vorgegebenen Aufgabenlisten oder Ablageordnern. Controller müssen dem Vorwurf widerstehen, dass sie damit die Kreativität untergraben. Ein Projekt steht und fällt mit der Qualität der Aufgabenlisten und Arbeitsunterlagen. Auch muss der Berichtsrhythmus festgelegt werden: Bei welchen Sitzungen wird über den Stand des Projektes berichtet? Wie wird berichtet (Dokumentation)? Wer sind die Adressaten? All diese Fragen sind von Anfang an zu klären. An dieser Stelle zeigt sich auch, ob die Projektleitung von Projektmanagement und von Controlling etwas versteht.

In kleinen Projekten wird es wahrscheinlich keine Trennung von Projektleitung und Projektcontrolling geben. Bei großen, langen und komplizierten Projekten empfiehlt es sich, einen Controller zur Unterstützung der Projektleitung zu etablieren. Die Verantwortung für Controlling bleibt aber bei der Projektleitung. Richtig angewendet kann das Controlling die Umsetzung erheblich beschleunigen. Es hilft bei der Steuerung und bei der Erreichung der Projektziele. Dies ist die einzige und die beste Rechtfertigung für Projektcontrolling[4].

Projektcontrolling	Checkliste

1. Die Projektleitung ist für das Projektcontrolling verantwortlich und nicht der Projektcontroller.
2. Der Projektleiter sorgt dafür, dass es zur Unterstützung einen offiziellen Controlling-Auftrag und einen verantwortlichen Controller gibt. Nichts ist hinderlicher als viele unterschiedliche Controller.
3. Es ist abzuklären, ob Finanz- oder Umsetzungscontrolling notwendig ist. Dabei muss berücksichtigt werden, dass die jeweiligen Anforderungen an den Controller grundverschieden sind.
4. Der Projektleiter sorgt für klare Projektziele, die erreichbar und messbar (zumindest beurteilbar) sind.
5. Vor Projektbeginn ist sichergestellt, dass Maßnahmen mit Terminen und Verantwortlichen vorliegen.
6. Folgende grundlegende Fragen müssen während eines Projektes immer wieder gestellt, beantwortet und berichtet werden:
   - »Wo steht das Projekt?«
   - »Was läuft gut, wo müssen Verbesserungen eingeleitet werden?«
   - »Wie erledigen die Projektbeteiligten ihre Aufgaben?«
   - »Stiftet das Projekt auch einen echten Kundennutzen?«
7. Der Projektleiter orientiert sich am notwendigen Minimum des Aufwandes für das Projektcontrolling. Nichts produziert mehr Arbeit als Controller, die zu viel Zeit haben.
8. Die Projektleitung verschafft sich Klarheit über:
   - Art und Inhalt des Controlling-Berichtwesens
   - Berichtsrhythmus
   - Adressaten
   - Dokumentationserfordernisse
9. Es ist ein gewisser *Formalismus* im Controlling sicherzustellen. In 3–5 Minuten sollte ein Außenstehender einen groben Überblick über den aktuellen Stand des Projektes haben (z.B. mit Hilfe eines Controlling-Berichtes).

Im *Controlling-Bericht* werden die wesentlichen, controlling-relevanten Fakten und Schlussfolgerungen verdichtet. Vor allem geht es um die Themen: Meilensteine/Endtermin, Stand im Maßnahmencontrolling und Stand im Ressourcencontrolling. Wichtigste Abweichungen und Problemfelder werden gesondert ausgewiesen und entschieden. Der Controlling-Bericht gibt einen Status wieder und ist insofern gleichzeitig auch ein *Projektzwischenbericht*.

Controlling-Bericht	Werkzeug
Projektbericht/Datum	
Projekt/Nr.	
Projektleiter/Ersteller Controlling-Bericht	
Projektziel	
Meilensteine und Endtermin	
Stand im Maßnahmencontrolling	
Stand im Ressourcencontrolling	
Problemfelder/ Diskussionspunkte	
Nächster Umsetzungs-check	
Verteiler	

Controlling-Bericht	Beispiel Catering

Die Betriebsküche eines Industriekonzerns wurde ausgelagert und als eine eigenständige GmbH organisiert. Im Zuge dieses Prozesses startete ein Vermarktungsprojekt. Zweimonatlich berichtet das Projektcontrolling mit Hilfe eines einseitigen *Controlling-Berichtes* an die Geschäfts- und Projektleitung.

Projektbericht/Datum	Nr. 4/23.09.
Projekt/Nr.	Vermarktung Catering/P-55-43
Projektleiter/Ersteller Controlling-Bericht	Schönfeld/Moser
Projektziel	Durch die Vermarktung von Gemeinschaftsverpflegung, Produktion und Vertrieb von halbfertigen und fertigen Frischgerichten am Betriebsküchenmarkt mit entsprechenden Nebenleistungen wird bis zum Jahr XY der Umsatz auf 45 Mio. € gesteigert (geplanter Return on Sales: 8%).
Meilensteine und Endtermin	• Projektstart: 10.01. • Meilenstein 1 »Analyse«: 28.02. • Meilenstein 2 »Vermarktungsvarianten plus Entscheid«: 30.04. • Meilenstein 3 »Ausgestaltung der gewählten Variante und Start der Umsetzung«: 30.06. • Meilenstein 4 »1. Umsetzungscheck«: 30.09. • Meilenstein 5 »2. Umsetzungscheck«: 15.12.
Stand im Maßnahmencontrolling	• Alle Maßnahmen sind verteilt. • 80% der bis 30.09. festgesetzten Maßnahmen sind bereits umgesetzt. • Die über das Jahr hinausgehenden Maßnahmen sollen in die Jahresziele der Mitarbeiter integriert werden.
Stand im Ressourcencontrolling	• Bei den Ressourcen läuft alles nach Plan.
Problemfelder/Diskussionspunkte	• Diskussion und Entscheid bezüglich Übernahme der langfristigen Maßnahmen in die Jahresziele. • Zu diskutierende Problemfelder: »Aktion Kleinbetriebe unter 50 Mitarbeiter«, »Übernahme und Abpachtung der Betriebsküche für Finanzamt, Telecompany und MedTeam«
Nächster Umsetzungscheck	• Mittwoch, 30.09., 08.00 bis 12.00, Zimmer G 03
Verteiler	• Geschäftsleitung, Projektteam

Sobald mit Zielen gearbeitet wird, sind Risiken einzubeziehen. »Risiko« bedeutet in diesem Fall eine negative oder positive Zielabweichung. Gerade im Projektmanagement zeigt sich, dass der größte Teil der Risikoursachen in frühen Phasen liegt, die Auswirkungen aber erst später »aufschlagen«. Es bewährt sich, in der Analysephase eine Risikoanalyse durchzuführen, während des gesamten Projektes zu überwachen und gegebenenfalls zu ergänzen[5].

Projektmanagement bedeutet *Risikomanagement*. Die Zahl der Projekte, die durch nicht vorhandenes Risikomanagement gescheitert sind, ist sehr hoch. Unterschätzte Risiken wirken sich negativ auf das Projektergebnis aus. Eine Risikoanalyse erfüllt folgende Funktionen:

1. *Identifikation der Risiken,*
2. *Bewertung der Risiken,*
3. *Erarbeitung von Maßnahmen zur Gegensteuerung und*
4. *Überwachung von Risiken.*

1. Identifikation der Risiken

Mit Hilfe der Projektziele, des Projektauftrages und der Projektphasen können die Ziele identifiziert werden[6]. Von folgenden *Risikoarten* ist auszugehen.

- Methodisches bzw. Planungsrisiko: Dieses besteht, wenn ein Projekt nicht sauber geplant wird, z.B. wenn Projektauftraggeber fehlen oder Ziele nicht präzise formuliert sind. Folgende Instrumente beugen diesem Risiko vor: Projektanalyse, Projektauftrag, Balkenplan, Funktionendiagramm, Controlling-Bericht, Ressourcenplan, Projektlandkarte und Projektübergabe.
- Angebots- bzw. Abwicklungsrisiko: Hier sind Risiken den einzelnen Phasen genau zuzuordnen. Beispielsweise besteht ein Angebotsrisiko im Umstand, dass es keinen Zuschlag für eine Offerte gibt. Ein Abwicklungsrisiko kann etwa dadurch entstehen, dass der Aufwand steigt, um ein Projekt zu realisieren. In diesen Fällen kann nur durch eine präzise Analyse der einzelnen Risikopunkte gegengesteuert werden.
- Preis- bzw. Kostenrisiko: Ein Projekt mag sauber geplant und abgewickelt werden, es besteht aber das Risiko, dass sich die Kostenfaktoren erhöhen oder sich die Preise aufgrund des Marktumfeldes verändern.
- Führungs- oder Kompetenzrisiko: Dieses ist das mit Abstand gefährlichste und liegt dann vor, wenn die Projektführung oder die Projektmitarbeiter ihren Aufgaben nicht gewachsen sind.

2. Bewertung der Risiken

Sobald die möglichen Risiken aufgelistet sind, müssen diese nach Eintrittswahrscheinlichkeit und Auswirkungen/Schäden bewertet werden. Es gibt keine mathematischen oder deduktiven Verfahren, nach denen eine solche Bewertung automatisiert werden kann. Die einzelnen Risiken müssen diskutiert und eingeschätzt werden. Hilfreich können erfahrene Projektleiter oder externe Experten sein.

Am Ende der Bewertung soll eine Liste mit *Risikoprioritäten* vorliegen, die im Projekt überwacht werden. Die Risiken müssen – ebenso wie die Ziele – präzise formuliert und bewertet sein. Gefährlich sind »Allerwelts-Risiken«, die zwar einleuchten, jedoch von jedem Beteiligten anders verstanden werden und aus denen keine Maßnahmen ableitbar sind (z.B. das Risiko »Motivationsschwund bei Projektmitarbeitern«).

3. Erarbeitung von Maßnahmen zur Gegensteuerung

Nachdem die Risiken bewertet und Prioritäten zugeordnet sind, müssen konkrete Maßnahmen zur *Risikovermeidung* und Schadensbegrenzung erarbeitet werden[7]. Maßnahmen setzen an den Risikoursachen an oder versuchen, die Auswirkungen zu lindern. Aus der unendlichen Fülle von Maßnahmen sollen einige exemplarisch erwähnt sein:

- Pufferzeiten in der Projektabwicklung,
- Einwirkung auf Vertragsbedingungen (z.B. Haftungsausschluss),
- Bankbürgschaften, Wechselkursabsicherungen,
- Qualitätssicherungsmaßnahmen (z.B. Qualifizierung von Projektmitarbeitern),
- Ausschluss von Risiken durch Versicherungen und
- Wirtschaftsauskünfte bezüglich Kunden, Lieferanten, Unterauftragnehmern.

Das Prinzip der Schriftlichkeit ist dabei unbedingt einzuhalten. Dies ist auch die beste Grundlage für die *Risikosteuerung*.

4. Überwachung von Risiken

Risiken müssen konsequent überwacht werden. Zum einen betrifft dies die Umsetzung der Maßnahmen. Zum anderen ist generell die Liste der Risiken permanent zu prüfen, und um neue Risiken oder Maßnahmen zur Gegensteuerung zu ergänzen. Es werden dabei auch Risiken übrig bleiben, die durch das beste Risikomanagement nicht bewältigt werden können. Zumindest ist dann aber Klarheit geschaffen. Die konsequente Überwachung von Risiken ist eine Schlüsselaufgabe für Projektleiter[8].

Risikoanalyse und Risikomanagement	Werkzeug
Projekt	
Risikobericht-Nr./Datum	
Pflege	

Risiko	Risiko-wirkung	Maßnahme	Termin	Verantw.

Risikoanalyse und Risikomanagement	**Beispiel Chemie**

Die Reparatur und Wartung (RUW) in einem Chemiewerk hat in einem groß angelegten Projekt ihre Geschäftsprozesse neu gestaltet und konkrete Dienstleistungsvereinbarungen mit Produktion und Vertrieb geschlossen. Die Risikoanalyse und Risikosteuerung wurde wie folgt zusammengefasst:

Projekt	Neugestaltung Geschäftsprozesse RUW
Risikobericht-Nr./Datum	Nr. 3/10.02.
Pflege	Neukirch

Risiko	Risiko-wirkung	Maßnahme	Termin	Verantw.
Auftraggeber halten sich nicht an DL-Ver-einbarung	sehr hoch	Geschäftsleitung RUW stellt konsequent Verbindlichkeit her (Vertragsstrafen)	28.10.	Müller
Verzögerungen bei Bau/Inbetriebnahme des neuen Wartungs-hofes	sehr hoch	Regelmäßige Statusberichte bei RUW-Runde	ständig	Müller
		Beauftragung des Planungs-büros XY mit Bauaufsicht	31.01.	Weber
		Rechtzeitige Personalbe-schaffung und Einschulung für den Wartungshof	30.03.	Thorberg
Neue Anforderungen durch Akquisitionen der Firmengruppe	hoch	Regelmäßige Information durch GL RUW bei Konzern-planung	30.06., 31.12.	Müller
Neue Anforderungen durch Gesetzgebung an Produktion (GCV, GPV)	mittel	Jährlicher Bericht der Rechtsabteilung und der Produktion an RUW	jährlich 30.11.	Jesser
Externes Geschäft bricht ein (insbes. Gefahr der Schließung der Bahn-Cargo-Nie-derlassung)	hoch	Regelmäßiger Statusbericht durch die GL RUW	jährlich 30.11.	Müller
		Jährliche Marktanalyse: Absatz, Umsatz, Kosten, Qualität, Kundennutzen-Er-hebung	jährlich 30.11.	Schmidt

5.2 Arbeitsmethodik in Projekten

Arbeiten in Projekten bedeutet Arbeiten ohne *Routinen*, ohne vorgegebene Strukturen, dafür aber mit Ergebnis- und Zeitdruck. Gleichzeitig steigen damit die Anforderungen an die eigene Person. Wer in Projekten wirksam sein will, muss hin und wieder die eigene Arbeitsmethodik auf den Prüfstand stellen[9].

Gutes Projektmanagement wird gerne effektiven Teams zugeschrieben. Nur selten wird erwähnt, dass die erste Voraussetzung für wirksames Projektmanagement in der Führung der eigenen Person liegt. Gerade die Art und Weise, wie eine Person arbeitet und sich selbst organisiert, ist entscheidend. In der Praxis wird diesem Aspekt allerdings wenig Beachtung geschenkt. Es gibt keine Geheimnisse auf dem Gebiet der *Arbeitsmethodik*, selbst wenn manchmal so getan wird. Weder fernöstliche Erfolgsrezepte noch Rhetorikkurse können eine sinnvolle Arbeitsmethodik ersetzen. Viel zu oft werden Probleme oder Stress mit mangelnden Fähigkeiten oder schlechter Kommunikation verwechselt, obwohl die persönliche Arbeitsweise betroffen ist. Hier muss hin und wieder eine kritische Distanz eingenommen werden mit der höchst persönlichen Frage: »Arbeite ich eigentlich richtig – entsprechend meinen Aufgaben und meinen Stärken?«

Arbeitsmethodik ist etwas sehr Persönliches. So unterschiedlich die Menschen sind, so verschieden sind auch die Techniken des Arbeitens. Trotzdem halten sich effektive Menschen an ein paar Grundsätze, die nicht nur einen besseren Einsatz von Zeit und Energie, sondern auch deutlich mehr *Wirksamkeit* in die Projekte bringen.

1. Der Grundsatz der Ergebnisse,
2. Der Grundsatz des Zurückrechnens,
3. Der Grundsatz des Planens,
4. Der Grundsatz des kurzen Gedächtnisses,
5. Der Grundsatz der bewussten Verwendung von Werkzeugen.

1. Der Grundsatz der Ergebnisse

Als erstes hilft es, konkrete Ergebnisse festzulegen und nicht Tätigkeiten. Nicht »eine Informationsbroschüre erstellen« ist der Zielpunkt der Arbeit, sondern »Am 1. Juni ist die Informationsbroschüre fertig zur Versendung«. Das ist keine Wortklauberei, vielmehr die erste Voraussetzung für eine realistische Planung. Bei der Ausrichtung auf Resultate werden Anfang und Ende von Projekten besser steuerbar. Nur so ist die Kontrolle möglich, ob das Richtige getan wird. Jeder Check der Arbeitsmethodik beginnt mit den zu erreichenden *Resultaten*[10].

2. Der Grundsatz des Zurückrechnens

Sind Ergebnisse einmal festgelegt, dann fällt es relativ leicht, zurückzurechnen und wichtige Zwischentermine einzuplanen (»Meilensteine«). Solche zeitlichen Fixpunkte sind nützlich, um den Stand des Projektes selbst abzufragen und die eigene Einschätzung des Aufwandes zu kontrollieren. Meilensteine zeigen zudem auch an, ob die eigene Arbeitsmethodik funktioniert oder verbessert werden kann.

Arbeitsmethodik	Checkliste

1. In Ergebnissen denken und zurückrechnen:
   - Was muss bis wann vorliegen?
   - Über welche Zwischenschritte erreiche ich die Ergebnisse?

2. Wesentliches von Unwesentlichem unterscheiden lernen:
   - Was ist wirklich wichtig für das Projekt?
   - Wo genau liegt mein Beitrag?

3. Bewusst »Pufferzeiten« und »stille Stunden« einbauen:
   - Wo stehe ich im Projekt?
   - Welches sind die nächsten Schritte?

4. Aufgaben – soweit es möglich ist – delegieren:
   - Was können andere tun (vielleicht sogar besser als ich selbst)?
   - Wo liegen Stärken bei anderen Mitarbeitern?

5. Zeitblöcke für große und gleichartige Aufgaben planen:
   - Was muss ich zeitlich zusammenhängend erledigen?
   - Von welchen Ergebnissen aus muss ich zurückrechnen?

6. *Input Verarbeitung* organisieren:
   - In welchem Ausmaß möchte ich mich stören lassen (Mail, Handy…)?
   - Wie kann ich eingehende Informationen wieder auffindbar ablegen?

7. Die eigene *Leistungskurve* kennen:
   - Wann arbeite ich besonders wirksam und wann nicht?
   - Wie sieht meine typische Tagesverfassung aus?

8. Werkzeuge verwenden:
   - Mit welchen Hilfsmitteln kann ich meine Arbeit wirksamer gestalten?
   - Wie muss ich meine persönliche Agenda gestalten?

9. Die eigene *Mobilität* organisieren:
   - Wie mache ich mich von Sekretariat, Kollegen und Büro unabhängig?
   - Wer muss zwingend wissen, wo ich erreichbar bin?

10. Andere Menschen beobachten:
    - Was kann ich von wirksamen Menschen abschauen?
    - Welche Werkzeuge verwenden sie?

3. Der Grundsatz des Planens

Planen muss auch geplant werden. In vielen Projekten wird zunächst losgearbeitet, anstatt sich bewusst Zeit für ein gründliches Durchdenken der Aufgaben zu nehmen[11]. Das kostet zwar zu Beginn eines Projektes einige scheinbar unproduktive Stunden, auf lange Sicht sind die Einsparungen an Zeit und an persönlichem Ein-

satz enorm. Bewährt hat sich in diesem Zusammenhang auch das Festhalten soge-
nannter »Pufferzeiten«. Mit diesen kann Unvorhergesehenes abgefangen werden.

4. Der Grundsatz des kurzen Gedächtnisses

Projektarbeit heißt Gestaltung und Informationsverarbeitung. Für beide Zwecke fallen Konzepte, Mitschriften, Protokolle und Dateien an. Keinesfalls ist von einem
guten *Gedächtnis* auszugehen. Ein effektives Ablagesystem ist der Schlüssel für die
Steuerung eines Projektes. Wie die Ablage aussieht, muss zum eigenen Arbeitsstil
passen. Ein gutes Ablagesystem zeichnet sich dadurch aus, dass jede Person die
Unterlagen rasch wieder findet, die gesucht werden.

5. Der Grundsatz der bewussten Verwendung von Werkzeugen

Werkzeuge können die eigene Arbeitsmethodik unterstützen. Von Aufgabenlisten
über Pultmappen bis hin zu komplizierten Planungssystemen reicht die Vielfalt von
angebotenen Instrumenten. Diese Werkzeuge sind an die eigene Arbeitsmethodik
anzupassen und nicht umgekehrt.

Die meisten Menschen überlassen ihre Arbeitsmethodik dem Zufallsprinzip. Weder
in der Schule noch auf Lehrstellen oder Universitäten wird dies gezielt vermittelt. Es
gibt einige Talente, die von sich aus eine gute Arbeitsmethodik besitzen, den meisten
Menschen ist sie aber nicht mitgegeben. Mit einer guten Arbeitsmethodik lässt sich
zweierlei erreichen: noch mehr Leistung oder mehr Freizeit. Beide Ziele sind Anlass
genug, sich mit der eigenen Arbeitsmethodik zu beschäftigen und diese zu verbessern. Wirklich gutes Projektmanagement beginnt mit der Frage: »Arbeite ich richtig?«[12]

5.3 Projektkommunikation und Projekt-Stakeholder

Kommunikation spielt in Projekten und gegenüber den verschiedenen Anspruchs-gruppen – sogenannten Stakeholdern – eine wichtige Rolle[13]. Zwei Werkzeuge haben sich bewährt:
1. *Projektkommunikation,*
2. *Projekt-Stakeholder.*

1. Projektkommunikation

Über den Stellenwert von *Kommunikation* in Projekten herrscht völlige Überein-stimmung. Es ist modern geworden, so viel Kommunikation wie möglich zu for-dern und in der Kommunikation ein Allheilmittel zu sehen. So viel Einigkeit in diesem Thema macht allerdings misstrauisch. In der tagtäglichen Projektarbeit las-sen sich Missverständnisse zum Thema »Kommunikation« finden. Diese können gefährlich sein, weil sie den Blick für das Wesentliche verstellen und Kommuni-kation falsch einsetzen.

Missverständnis 1: Ein Maximum an Kommunikation ist Voraussetzung für den Pro-jekterfolg. Nachdem Kommunikation im Allgemeinen sehr positiv gesehen wird, liegt die Schlussfolgerung nahe, so viel Kommunikation wie möglich zu verlangen. Wel-che Konsequenz hat das für die Praxis? Tonnen von Informationsblättern, Berich-ten und Presseaussendungen werden produziert. Jeder will über alles und sofort informiert sein. Koordinationssitzungen und Informationsveranstaltungen lassen die Terminkalender aus allen Nähten platzen. Dazwischen finden Kommunikationstrai-nings statt. Trotzdem haben immer mehr Menschen das Gefühl, nicht eingebunden zu sein. Viele glauben sich übergangen oder vermuten geheime Absprachen hinter ihrem Rücken. Vor lauter Kommunikation und *Information* wird aber an den wirk-lich wichtigen Angelegenheiten nichts geändert:

- Ziele sind mehrdeutig und jeder interpretiert die Ziele anders. Wenn anschlie-ßend über die Ziele gesprochen wird, haben viele das Gefühl, dass aneinander vorbei gesprochen wird.
- Projektmitarbeiter untereinander kennen die Aufgaben des jeweils anderen nicht. Wenn etwas schiefgeht, wird der Grund in schlechter Kommunikation gesucht und nicht in fehlender Aufgaben- und Kompetenzplanung.
- Aufgaben sind unklar formuliert und müssen deshalb neu koordiniert werden. Wenn von »Koordination« die Rede ist, dann liegt ein klarer Hinweis vor, dass nicht Kommunikation, sondern Organisation das Problem ist.
- Projektleiter lassen die Mitarbeiter losrennen und wundern sich, dass das Projekt aus dem Ruder läuft. Wenn es dabei zu Konflikten kommt, glauben die Leute, dass etwas mit der Kommunikation nicht stimmt und gehen nicht an die Wur-zel des Problems: inkompetente Projektführung.

Die erwähnten Symptome sind gerade im Projektmanagement ernst zu nehmen. Nur dürfen sie nicht als das gedeutet werden, was sie gar nicht sind: nämlich Probleme der Kommunikation. Wenn Ziele unklar sind, müssen sie präzisiert werden. Wenn sich niemand für eine Sache zuständig fühlt, dann muss für Verantwortung gesorgt werden. Der Besuch eines Rhetorikkurses oder emotionale Intelligenz nützen hier nichts. In vielen Fällen liegen handwerkliche Schwierigkeiten im *Projektmanagement* vor. Dass es dabei nicht »kommunikativ« läuft, ist die Folge und nicht die Ursache des Problems.

Vor diesem Hintergrund macht es wenig Sinn, an der Kommunikation herumzubasteln. Es geht nicht um ein *Maximum an Kommunikation,* sondern um die Klärung wichtiger Fragen in einem Projekt. Mit wie viel oder mit wie wenig Kommunikation das gemacht wird, ist zweitrangig. Die Forderung nach möglichst viel Kommunikation erübrigt sich, wenn Klarheit herrscht. Wichtig ist, dass die Projektmitarbeiter ungestört ihre Aufgaben erledigen können – ohne ständig nachfragen oder informieren zu müssen. Gute Projektmitarbeiter beobachten, wie viele Gespräche, Aussendungen, Sitzungen und Koordinationen im Projekt notwendig sind, um die Projektarbeit zu leisten. Liegt der Anteil der Kommunikation bei mehr als 20 % der Arbeitszeit, ist genau zu prüfen, wie zielgerichtet das Projekt läuft. Für den Projekterfolg ist nicht die Kommunikation ausschlaggebend sondern wirksames Projektmanagement[14].

Missverständnis 2: Praktisch alle Probleme sind auf schlechte Kommunikation zurückzuführen. Im Projektmanagement neigen heute viele Menschen dazu, auftauchende Schwierigkeiten sofort als *Kommunikationsprobleme* zu deuten. Solche liegen aber nur sehr selten vor. Die Gefahr besteht vielmehr darin, dass die echten Ursachen für Schwierigkeiten nicht gesehen, geschweige denn gelöst werden. Kommunikation hat wenig Sinn, wenn nicht klar ist, worüber kommuniziert wird. Für gutes und richtiges Projektmanagement braucht es ein notwendiges Maß an Handwerkszeug wie Projektpläne oder Aufgabenlisten. Die Praxis zeigt, dass gerade an dieser Stelle die meisten Fehler und Versäumnisse gemacht werden. In Folge ist dann die gemeinsame, kommunikative Basis in Projekten schlecht. Die Leute werden in Reflexionsrunden oder gruppendynamische Übungen geschickt, psychologische Faktoren ins Spiel gebracht und vieles mehr. Und am Schluss wundern sich alle, warum sich so wenig geändert hat und die Schwierigkeiten noch andauern.

Die beste Art von Kommunikation liegt dann vor, wenn die einfachsten Grundlagen des Projektmanagements in Anwendung sind und darum nicht permanent kommuniziert werden muss. Beispielsweise kann eine wirksam eingesetzte Sitzung viel Kommunikationsaufwand überflüssig machen. Die frühzeitige Klärung von Schlüsselaufgaben und von zu erzielenden Ergebnissen vermeidet in späterer Folge ein Vielfaches an *Koordination.*

Missverständnis 3: Je mehr kommuniziert wird, umso größer ist das Vertrauen. Bei diesem Thema zeigt sich auch, ob in einem Projekt gegenseitiges Vertrauen besteht. Wenn die Projektmitarbeiter *Vertrauen* in die anderen haben, so muss nicht jeder ständig über alles informiert sein. Es genügen seltene und dem Projektfortschritt angemessene Grobinformationen. Dadurch können sich alle voll auf die eigenen

Aufgaben im Projekt konzentrieren. Am wirksamsten ist es, von der Projektleitung klare Ziele zu fordern und nicht permanente Kommunikation. Umgekehrt ist es für die Projektleiter auch ein Zeichen des Vertrauens, wenn sie sich nicht ständig über alle Schritte der Mitarbeiter informieren müssen. Das kostet Zeit und zudem haben die Mitarbeiter das Gefühl, sich ständig rechtfertigen zu müssen. Auch hier gilt: Am besten ist es, den Mitarbeitern klare Aufgabenstellungen, Kompetenzen und Verantwortung zu geben.

Wenn ständig über die Notwendigkeit von Kommunikation gesprochen wird, ist dies ein Zeichen dafür, dass die erzielten Resultate und die geleisteten Ergebnisse nicht zählen. Kommunikation kann in diesem Zusammenhang auch demotivieren, nämlich dann, wenn ständig nach Aktivitäten und der persönlichen Befindlichkeit gefragt wird. Projektmitarbeiter verlieren irgendwann die Freude an der Arbeit und an den Ergebnissen, wenn sie ständig »Rede und Antwort« stehen müssen. Das Projekt misst sich in einem solchen Fall nicht mehr an seinen Ergebnissen, sondern an der Art und Weise, wie es rhetorisch verkauft wird. Durch ein solches Übermaß an Kommunikation kann sehr schnell eine Konsumentenhaltung entstehen. Die Projektmitarbeiter unternehmen selber nichts, sie konzentrieren sich nicht auf den eigenen Beitrag im Projekt. Sie verlassen sich darauf, dass irgendjemand von außen alles Notwendige kommunizieren wird und die Sache in die Hand nimmt. Früher oder später untergräbt dies die Verantwortlichkeit in Projekten. So paradox es klingen mag: In der tagtäglichen Projektarbeit ist ein Übermaß an Kommunikation letztlich ein Zeichen von Misstrauen und falscher *Projektkultur.*

Fazit: Gute Kommunikation setzt die Beachtung einiger weniger Fragen voraus.
Für das richtige Maß an Kommunikation und für die richtigen Inhalte müssen bei Projektstart und während des Projektes folgende Fragen gestellt werden:
- Wer braucht welche Informationen (nicht: »Wer will Informationen«)?
- Was hat das Projekt davon, wenn etwas kommuniziert wird? Verändert sich die Produktivität oder die Qualität der Zusammenarbeit positiv?
- Welche negativen Auswirkungen gibt es, wenn nicht informiert wird?
- Welche *Medien* sind in welchem Takt zu benutzen?
- In welchen Projektphasen muss auf die Kommunikation besonders geachtet werden? Wie empfängerfreundlich sind die Informationen?
- Wer steuert die Kommunikation, d.h. wer ist verantwortlich? Mit welchen Instrumenten werden die Kommunikation und die Information gesteuert (z.B. Kommunikationsmatrix)?

Die besten Voraussetzungen für ein Projekt sind gegeben, wenn die Ziele, Aufgaben, Kompetenzen und schlussendlich auch die Verantwortung für alle klar sind. Dann muss nicht mehr bei jeder Gelegenheit kommuniziert werden. Das Projekt läuft, jeder kann sich seiner Aufgabe widmen und vor allem wird sich früher oder später eines zeigen: Die Leute reden wieder miteinander und müssen nicht ständig »kommunizieren« oder sich »rhetorisch verkaufen«[15].

Kommunikationsmatrix				Werkzeug
Zielgruppe/ Gremium	Personen	Ziele und Inhalte	Medium/Verantwortlich	Termin/ Takt

Kommunikationsmatrix				Beispiel Pharma

In einem pharmazeutischen Unternehmen wurde ein Kostensenkungsprojekt mit folgender *Kommunikationsmatrix* geplant und gesteuert.

Zielgruppe/ Gremium	Personen	Ziele und Inhalte	Medium/Verant-wortlich.	Termin/ Takt
Führungskreis Produktion (Lenkungs-ausschuss)	Walther, Weber, Obermaier, Winkler, Löhmer, Künzler	• Information über die jeweilige Projektphase • Entscheide • Konsens und Auftrag zur Weiterarbeit	• Projektordner • Management-Summary zur Phase • Verantw.: Projektleiter	31.03., 30.06., 30.09., 19.12.
Konzernfüh-rung, Eigentü-mer	Lagreiner, Greuther, Schulz, Ma-linowski	• Information über den Stand im Projekt (insb. Potenziale) • Konsens und Auftrag zur Weiterarbeit	• Management-Summary • Verantw.: Projektleiter und Walther	10.07., 20.12.
Produktions-mitarbeiter	Alle Mit-arbeiter Produktion (Schichten/ Abt.)	• Informationen über Stand im Projekt • Auswirkungen je nach Schicht und Abteilung • insbes.: Vorstellung der Umsetzung	• Ausschließlich Umsetzungs-Pläne • Verantw.: Projektleiter, Walther, Schicht-/ Abteilungs-Leiter	15.07., 22.12.
Betriebsrat	Mitglieder BR	• Informationen über Stand im Projekt • Auswirkungen je nach Schicht/Abt. • Rechtliche Folgen	• Keine Papiere • Verantw.: Projektleiter und Walther	15.07., 22.12.
Funktionen im Konzern (Ein-kauf, Logistik, Vertrieb)	Führungs-kreise der Funktionen	• Information über Status im Projekt und Folgen für die Funktionen • Klärung der Schnittstellen	• Zusammen-fassungen über Schnittstellen und Konsequenzen • Verantw.: Projektleiter	10.07., 20.12.

2. Projekt-Stakeholder

Unter dem heute weit verbreiteten englischen Wort »Stakeholder« werden alle Personen(gruppen) oder Institutionen verstanden, die Einfluss auf das Projekt ausüben oder vom Projekt betroffen sind. Im Fall eines internen DV-Projektes eines Handelsunternehmens sind dies etwa die Nutzer der Zentrale und der Niederlassungen, die angeschlossenen Lieferanten und die Führungskräfte. Im Fall der Errichtung eines Hallenschwimmbads durch einen Generalunternehmer sind Stakeholder: die einzelnen Gewerke, die Gemeindebürger, die Gemeindepolitiker (Gemeinderat), die künftigen Mitarbeiter des Hallenschwimmbads, institutionelle Kunden (Schulen), private Kunden. Kommunikation bedeutet in diesem Zusammenhang nichts anderes als die Kontaktnahme zu diesen Stakeholdern. Es geht um die Fragen der Zusammenarbeit und der Nutzung dieser Stakeholder für den Zweck des Projekts. Das heißt, dass die Stakeholder vor dem Hintergrund der Betroffenheit, der Meinungsbildung oder des Beitrags zur *Leistungserstellung* zu sehen sind[16].

Bei der Identifikation der Stakeholder und bei der Erarbeitung von Aktions- und Kommunikationsmaßnahmen sind nachfolgende Fragen zu stellen.

Stakeholder und Kommunikation	Checkliste

1. Wer sind die Stakeholder?
2. Welche Möglichkeiten der Einflussnahme hat der Stakeholder auf das Projekt (rechtlich, wirtschaftlich, politisch, medial…)?
3. Welche Stellung hat das Projekt beim Stakeholder? Welches Interesse hat der Stakeholder am Projekt?
4. Wo liegt der Beitrag des Stakeholders zur Erfüllung des Zwecks des Projekts, insbesondere des Kundennutzens?
5. Wo bestehen Abhängigkeiten zwischen dem Projekt und dem Stakeholder?
6. Gibt es mögliche Störungen oder Bedrohungen für das Projekt durch den Stakeholder?
7. Gibt es Koalitionen oder Konkurrenz zwischen einzelnen Stakeholdern?
8. Welche Ressourcen (Zeit, Geld…) fließen in die Kontaktnahme, Betreuung, Kommunikation eines Stakeholders?
9. Welche Maßnahmen sind einzuleiten, um den Stakeholder besser zu nutzen und um die Kommunikation zu verbessern?

Durch die Beschäftigung mit den Stakeholdern wird klar, wie diese für das Projekt zu nutzen sind. Es entsteht Transparenz über die Bedürfnisse und *Interessen eines Stakeholders* und damit über sein Verhalten gegenüber dem Projekt. Strategie und Kommunikation eines Projekts haben darauf Rücksicht zu nehmen und Maßnahmen bzw. Verantwortlichkeiten zum Umgang mit Stakeholdern festzuschreiben.

Stakeholder-Radar				Werkzeug
Stakeholder	Einfluss auf/ Beitrag für Projekt	Maßnahme	Termin	Verantw.

Stakeholder-Radar			Beispiel Öffentlicher Bauauftrag	

Für eine Gemeinde wird von einem Generalunternehmer ein Schwimmbad errichtet. Vor Projektbeginn wird von der Projektgruppe ein Stakeholder-Radar erarbeitet für: Gewerke, Gemeinderat (GR), Gemeindebürger, institutionelle Kunden (Schulen…), private Kunden und Mitarbeiter des Schwimmbads. Monatlich wird das Radar geprüft und bei Bedarf ergänzt.

Stakeholder	Einfluss auf/ Beitrag für Projekt	Maßnahme	Termin	Verantw.
1. Gewerke	• Errichtung der einzelnen Gewerke • Einfluss auf Qualität, Zeit, Kosten	• Wöchentlich: Prüfung/Report über Qualität, Zeit und Kosten pro Gewerk • Monatlich: Prüfung mit Gemeinderat	ab 01.05.	Müller
2. Gemeinderat (GR)	• Kommunikation Baufortschritt • Widerstand: Gemeinderäte A, B, C • Interesse an Erfolgsstory mit Schwimmbad: Gemeinderäte X, Y, Z	• Monatliche Bauprüfung mit GR inkl. Protokoll (Zustimmung) • Überzeugung/ • Neutralisierung A, B, C • Erstellung einer guten »Story« für X, Y, Z plus GR generell	ab 01.05.	Müller Bauer
3. Gemeindebürger	• Druck auf GR zur Errichtung des Schwimmbades • Interesse an guter Qualität • Schwimmbad als Beitrag zur Lebensqualität	• Monatlich eine »Story« über das Schwimmbad in der Lokalzeitung (Argumente: Qualität des Schwimmbads, Lebensqualität…)	ab 01.05.	Gerlach
4. Institut. Kunden	• Einfluss auf öffentliche Meinung • Interesse an guter Qualität • Interesse an attraktiven Paket-Lösungen	• Siehe Punkt 3 • Zweimal während Bauzeit: spezielle Veranstaltungen in Schulen (Juni und Dezember)	30.06., 14.12.	Gerlach
5. Private Kunden	…	…		
6. Mitarbeiter Schwimmbad	…			

5.4 Multiprojekt-Management

Die Universalität der Projektmethode zeigt sich nicht zuletzt darin, dass in praktisch allen Organisationen mehrere Projekte gleichzeitig laufen. Zudem sind viele der Projektthemen lebenswichtig für diese Organisationen, z.B. Vertriebs-, Strategie- oder Kostenprojekte. Das *Top-Management* steht vor der Herausforderung, nicht operativ in allen Projekten mitzuarbeiten, aber trotzdem alle Projekte unter Kontrolle zu halten. Die Steuerung von vielen Projekten ist das Ziel des *Multiprojekt-Managements*. In den bisherigen Ausführungen stand das einzelne Projekt im Vordergrund. Analyse, Beauftragung, Planung, Umsetzung und Steuerung galten dem Ziel, ein einzelnes, konkretes Projekt, das hier und heute vorliegt, zum Erfolg zu führen. Im Multiprojekt-Management[17] sind im Prinzip dieselben Inhalte und Vorgehensweisen anzuwenden. Einige Grundsätze haben sich in der Praxis bewährt und sind einfach anzuwenden.

1. *Nüchternes und emotionsloses Notieren aller Projekte und »Baustellen«,*
2. *Aussieben, was nicht wirklich ein Projekt ist,*
3. *Konsequente Verwendung von projektbezogenen Steuerungsinstrumenten,*
4. *Alle Projekte auf einen Blick mit einer Projektlandkarte,*
5. *Nutzung des Multiprojekt-Managements als Führungsinstrument.*

1. Nüchternes und emotionsloses Notieren aller Projekte und »Baustellen«

Noch bevor eine Bewertung und Diskussion über die Sinnhaftigkeit von Projekten vorgenommen wird, sollte eine Liste erstellt werden, in der Folgendes notiert wird:

- Welche Projekte gibt es derzeit offiziell in der Organisation?
- Welche Projekte sind in der Vergangenheit einmal begonnen worden und noch nicht abgeschlossen?
- Welche größeren und zusammenhängenden Aktivitäten laufen zurzeit, die zwar nicht offiziell als Projekt geführt werden, trotzdem aber wichtig sind und/oder Ressourcen binden?

Bei allen Projekten und Aktivitäten sollten noch Status und Ressourcen notiert werden. Spätestens dann wird sich jeder überlastete Topmanager für die Liste interessieren.

2. Aussieben, was nicht wirklich ein Projekt ist

Das Schwierigste im Multiprojekt-Management ist nicht die Steuerung von Projekten, sondern das bewusste »Ausmisten« der überschüssigen Projekte und Aktivitäten im Haus. Beim Aussieben sind nachstehende Checkfragen zu stellen:

- Liegen konkrete Zielsetzungen vor?
- Bezieht sich das Projekt auf die Strategie der Organisation?
- Gibt es exakte zeitliche Planungen, insbesondere Endtermine?
- Sind Teilschritte, Aufgabenpakete und Maßnahmen definiert?
- Liegen Ressourcenpläne vor (Personen, Infrastruktur)?

- Ist das Projekt oder die Aktivität eine echte Herausforderung oder nur eine »Pflichtaufgabe«, die ohnehin zu geschehen hat?
- Kann das Ganze im Rahmen der üblichen Linienfunktion gemacht werden?

Auf dieser Grundlage sind diejenigen Projekte auszuwählen, die einen echten *Beitrag für die Organisation* leisten[18]. Alles andere ist konsequent einzustellen oder in die Linienverantwortung zu übertragen. Es empfiehlt sich, ein bis zwei Mal pro Jahr eine solche »Entschlackungskur« zu machen. Die Organisation wird dadurch wieder fit, schlagkräftig und setzt ihre Ressourcen dort ein, wo *Nutzen* entsteht.

3. Konsequente Verwendung von projektbezogenen Steuerungsinstrumenten
Bei jedem Projekt, das gestartet wird, sind zwingend folgende Dokumente zu liefern:
- Projektauftrag: Ausgangslage, Ziele, Aufgabenpakete, Schlüsseltermine, und Ressourcen werden bündig zusammengefasst. Die Projektauftraggeber stellen mit ihrer Unterschrift Verbindlichkeit her und genehmigen somit das Projekt. In Summe liegt damit ein »Projektsteckbrief« vor.
- Balkenplan und Funktionendiagramm: Mit diesen Instrumenten wird das Projekt logisch, zeitlich und bezüglich Verantwortlichkeit geplant.
- Ressourcenplan und Budget: Die wichtigsten Ressourcen sind bezüglich Kostenart, Phase, Ist und Soll dargestellt.
- Controlling-Bericht: Während der Projektlaufzeit und auch während der Umsetzung wird der Status in einem solchen Bericht geliefert.
- Am Projektende bewähren sich ein Projektübergabeprotokoll und ein Projektabschlussbericht.

Ziel ist es nicht, eine Berichtsbürokratie aufzubauen. Ein Qualitätskriterium von gutem Multiprojekt-Management besteht gerade darin, pro Projekt in drei bis fünf Seiten einen kompletten Überblick zu haben. Damit werden auch die »Schriftsteller« unter den Projektleitern gezwungen, präzise und kurze Berichte zu liefern.

4. Alle Projekte auf einen Blick mit einer Projektlandkarte
Projekte sind nicht statisch, sie »bewegen« sich. Es bewährt sich, von Zeit zu Zeit alle Projekte auf einer *Projektlandkarte* einzutragen und die Entwicklung zu verfolgen[19]. Damit wird Folgendes erreicht:
- Überblick über alle Projekte und Sicht auf das »Ganze« (nicht nur auf die einzelnen Projekte),
- die Verfolgung des Fortschrittes in den einzelnen Projekten,
- eine grobe Bestimmung von Grenzwerten, bei deren Überschreiten einzugreifen ist,
- die Definition von Projektprioritäten bei Ressourcenknappheit.

Struktur und Tiefe der Projektlandkarten können sehr unterschiedlich sein und hängen vom Kontext der jeweiligen Situation ab. Bewährt hat sich in vielen Fällen eine Landkarte mit zwei Dimensionen.
- Dimension 1: Wie groß ist die Bedeutung des Projektes (niedrig, mittel, hoch)?

- Dimension 2: In welchem Fortschrittsgrad befindet sich das Projekt (Analyse/ Planung, Umsetzung, Zielerreichung)?

Es braucht keine komplizierten Verfahren von Projektaudits, *Input-Output-Matrix*, Priorisierungs-Kombinatorik oder filigrane Projektportfolios. Eine Führungskraft, die etwas vom Geschäft versteht, ist in der Lage, eine Landkarte in kurzer Zeit zu »zeichnen«. Selbstverständlich kann das alles noch mit Ampeln zeichnerisch verschönert werden. Wichtig bei alledem ist der Beitrag zu Entscheidungsfindung und zur Steuerung von vielen Projekten.

Als Ergänzung der Projektlandkarte hat sich eine einfache *Projektliste* bewährt, in der die wichtigsten Angaben pro Projekt knapp und in übersichtlicher Form dargestellt sind. Folgende Angaben können hierbei Verwendung finden.
- Projektnummer und Projektbezeichnung,
- Umsetzungsstatus (in Analyse/Planung, in Umsetzung, in Übergabe, abgeschlossen),
- Geschäftszuordnung (einerseits bestehendes Geschäft, Neugeschäft und andererseits innengerichtet, außengerichtet),
- Bedeutung (bzgl. Umsatz, Ergebnis, Sicherstellung des künftigen Geschäftes),
- Aufwand an Manntagen (intern, extern),
- Ressourcenschätzung (Zugriff auf bestehende Ressourcen oder Anschaffung neuer Ressourcen),
- Projektauftraggeber/Projektleiter,
- Projektmitarbeiter.

5. Nutzung des Multiprojekt-Managements als Führungsinstrument

Multiprojekt-Management ist eine Führungsaufgabe[20]. Alle Methoden und Werkzeuge müssen den Überblick sicherstellen und eine *Entscheidungsgrundlage* liefern. Erfahrene Manager reservieren sich zwei bis drei Tage pro Jahr für diese Aufgabe. Hierdurch kommen sie ihrer Verantwortung nach und verstehen mehr vom Geschäft. Nur so gewinnen sie Respekt und stellen einen gesunden Druck auf Projektauftraggeber und Projektleiter sicher.

Projektlandkarte	Werkzeug

Projektlandkarte

Datum

Erstellung/Pflege

Status im Projekt

Zielerreichung

Umsetzung

Analyse/Planung

| niedrig | mittel | hoch |

Bedeutung des Projektes

Kreisgröße: gebundene Ressourcen (Manntage und Kosten)

Projektlandkarte | **Beispiel Verlag**

Datenverwaltung und Dokumentenmanagement (DV/DM) in einer Verlagsgruppe steuern ihre Projekte regelmäßig mit einer simplen, aber wirkungsvollen *Projektlandkarte.*

Projektlandkarte	DV/DM
Datum	30.06.
Erstellung/Pflege	Steinbeck

Status im Projekt

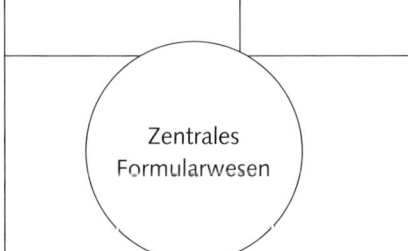

Kreisgröße: gebundene Ressourcen (Manntage und Kosten)

Projektliste						Werkzeug
Nr.	**Projekt**	**Status**	**Geschäft**	**Bedeutung**	**Ressourcen**	**Projektleiter**

Kürzel für die Bewertung:

Status	P = Planung U = Umsetzung A = Abschluss/Übergabe	Bedeutung	++ + *	= sehr hohe Bedeutung = hohe Bedeutung = durchschnittl. Bedeutung
Geschäft	B = bestehendes Geschäft N = neues Geschäft	Ressourcen	++ + *	= sehr hoher Bedarf = hoher Bedarf = durchschnittl. Bedarf

Projektliste						**Beispiel Instandhaltungswerk**

Ein industrielles Instandhaltungswerk führt sämtliche Projekte in Form einer einfachen *Projektliste*. Diese Liste wird quartalsweise dem Top-Management vorgelegt und dient der Projektsteuerung bzw. der systematischen Müllabfuhr.

Nr.	Projekt	Status	Geschäft	Bedeutung	Ressourcen	Projektleiter
1.	Aufbau Metrisierungs-Service	P	N	+	+	Hofer
2.	Umstellung Einkauf auf Rahmenverträge	U	N, B	++	*	Müller
3.	Optimierung Schadensanalysen, Tribologie	U	B	+	+	Berger
4.	Implementierung Sonderfertigung SXP	A	N	+	++	Dorn
5.	Umstellung auf Zweischichtbetrieb	A	N, B	++	++	Elmer
6.	Start SGF Industrie-Heizungs- und Lüftungsanlagen	U	N	++	++	Klein

Kürzel für die Bewertung:

Status	P = Planung U = Umsetzung A = Abschluss/Übergabe	Bedeutung	++ + *	= sehr hohe Bedeutung = hohe Bedeutung = durchschnittl. Bedeutung
Geschäft	B = bestehendes Geschäft N = neues Geschäft	Ressourcen	++ + *	= sehr hoher Bedarf = hoher Bedarf = durchschnittl. Bedarf

5.5   Zusammenfassung: Mit Projekten zu Ergebnissen

1. Projekte und Management

Das Wort »Projekt« ist heute in der Arbeits- und Führungswelt zu einem Mode-wort geworden. Viele Organisationen glauben, nicht mehr ohne Projekte auskom-men zu können. Was aber ist ein *Projekt*? Und wodurch unterscheidet sich ein Pro-jekt von Routinetätigkeiten und Linien-Jobs? Gerade bei der aktuellen Inflation des Begriffes »Projekt« lohnt es sich, dessen Kern herauszuarbeiten. Es geht um eine konkrete Zielsetzung, Kundenorientierung, Methodik usw. Die Kriterien stecken den Rahmen ab, ob überhaupt ein Projekt vorliegt. Fehlen einzelne oder gar meh-rere Kriterien, kann nicht von einem Projekt gesprochen werden. Sind beispiels-weise Kunden unbekannt oder Ziele unklar, so stellt sich die Frage, ob die Arbeit und das Engagement überhaupt Sinn machen. Erst wenn im Großen und Ganzen alle Kriterien[21] vorhanden sind, kann ein Projekt richtig beginnen.

Es gibt eine Reihe von *Missverständnissen*, welche die Sicht und den Weg für wirksame Projektarbeit verstellen. Zu nennen sind etwa die Meinung, dass Pro-jekte die Linie ersetzen oder dass es vor allem auf Kreativität ankommt. Es liegt in der Verantwortung der Führungskräfte, diese Missverständnisse anzusprechen, zu klären und nicht nachhaltig werden zu lassen.

Die Grundsätze des Projektmanagements gelten für jede Art von Organisation, jede Branche und jede Unternehmensgröße. Bei näherer Betrachtung erfolgreich umgesetzter oder auch gescheiterter Projekte lassen sich einige wenige Faktoren feststellen, die entscheidend sind: Vermittlung der Sinnhaftigkeit, Verantwortung des Top-Managements, Bildung einer Führungskoalition, Anwendung einer klaren Methodik und kompromisslose Resultatorientierung. Diese sogenannten *Erfolgs-faktoren* müssen gesteuert werden, weil nur so die einzige Rechtfertigung eines Projektes begründbar ist, nämlich ein Ergebnis. Fehlen einzelne Elemente dieser Erfolgsfaktoren für die Umsetzung und die Veränderung, so werden die gewünsch-ten Resultate nicht oder nur mit viel höherem Aufwand erreicht.

Erfolgreiche Projekte sind gut geführte Projekte. Es gibt keinen wichtigeren Ein-flussfaktor für das Gelingen eines Projektes als eine gute *Projektleitung*. Gerade für die Projektführung ist die Gefahr der Verzettelung sehr groß. Je vielfältiger die Aufgaben sind, umso größer ist die Wahrscheinlichkeit, dass nichts mehr richtig erledigt werden kann. Zwar wird gearbeitet, aber es liegen keine Ergebnisse vor. Daher bleibt nichts anderes übrig, als sich auf wenige, dafür aber wichtige Aufga-ben zu konzentrieren: für Ziele sorgen, die Aufgaben der Projektmitarbeiter gestal-ten, organisieren, Entscheidungen treffen, kontrollieren und beurteilen. Die Erfül-lung dieser Aufgaben ist nicht sonderlich spektakulär. Vielmehr haben sie etwas mit konsequenter Umsetzung, Disziplin und Konzentration zu tun. Sie können gelernt werden und gehen schließlich in Erfahrung über.

Dieselbe Grundüberlegung gilt für Werkzeuge[22] wirksamer Projektleiter: Sitzungen, persönliche Arbeitsmethodik, systematische Müllabfuhr, schriftliche Kommunika-tion, Kosten- und Zeitbudget. Projektmanagement ist keine Kunst. Es braucht keine besondere Inspiration oder außergewöhnliche Begabung, um Projekte durchzuführen oder zu leiten. Die guten Projektleiter orientieren sich an den Ergebnissen, die gemeinsam erreicht werden. Dabei benutzen sie die beschriebenen Werkzeuge und machen Projektmanagement zu einem *Handwerk* für Ergebnisse.

Es gibt insgesamt vier *Projektphasen*, die jedes Projekt durchlaufen muss, wenn es erfolgreich sein will:

1. *Projektstart und Projektauftrag,*
2. *Projektanalyse und Projektplanung,*
3. *Projektumsetzung und Projektabschluss,*
4. *Projektsteuerung.*

Die Grundlogik dieser Phasen ist bei allen Projekten dieselbe – unabhängig davon, ob es sich um große, kleine, komplizierte oder einfache Projekte handelt. Die Projektleitung stellt von Anfang an sicher, dass die Kernelemente jeder einzelnen Phase erarbeitet werden und schafft somit die besten Voraussetzungen für den Projekterfolg.

2. Projektstart und Projektauftrag

Die wichtigste Voraussetzung erfolgreicher Projekte sind klare und eindeutige Ziele[23]. *Ziele* sind ein vorweggenommener und erwünschter Zustand, also ein Resultat. Sie stellen die einzige Möglichkeit dar, den Erfolg eines Projektes zu messen. Dadurch entsteht ein gesunder Druck, sich mit der Zukunft auseinander zu setzen. Ziele sind die Basis für die wirksame Umsetzung des Projektes und bilden den roten Faden vom Beginn des Projektes bis hin zum Abschluss. Nur über Ziele werden allgemeine Absichten zu konkreten Handlungen. Um ein Ziel zu definieren, hat sich mit SMART eine Faustformel bewährt. SMART steht für: spezifisch, messbar, aktiv beeinflussbar/ableitbar, realistisch, terminiert. Bei größeren und zeitlich längerfristigen Projekten empfiehlt es sich, die Projektziele in den Zielvereinbarungen der Projektmitarbeiter einzubauen.

Der *Projektstart* ist nicht nur der Beginn eines Projektes. Er ist ein wichtiger Teil in der Projektmethodik, weil am Anfang ein inhaltlich und methodisch roter Faden für das gesamte Projekt aufgenommen werden muss[24]. Genau genommen ist der offizielle Projektstart schon der zweite Schritt im Projekt. Die erfolgskritische Phase beginnt vor dem Start: Das gesamte Projekt muss inhaltlich und methodisch vorausgedacht und strukturiert werden. Jede Eventualität – sofern heute schon absehbar – ist einzuplanen. Üblicherweise startet ein Projekt mit einer Kick-off-Veranstaltung. Diese Sitzung ist der offizielle Projektstart. Alle Projektbeteiligten sind einzuladen. Vorgestellt werden Teilnehmer, Ablauf und Organisatorisches. Ziel des Kick-offs ist neben der Information auch der Konsens zum Vorgehen und zu den Zielen des Projektes. Die Mannschaft wird auf das Projekt »eingeschworen«.

Für den Start eines Projektes muss eine genaue Anweisung vorhanden sein. Nach der Bestimmung der Projektziele und nach dem Projektstart geht es um eine knappe und präzise Zusammenfassung der wichtigsten Planungselemente im *Projektauftrag*[25]: Ausgangslage, Projektziele, Nutzen für Kunden und für das Unternehmen, Projektphasen, die Listung aller vom Projekt betroffenen Organisationen, Mittelschätzung,

Projektorganisation mit den wichtigsten Personen und die Genehmigungszeile. Beim Projektauftrag sind vor allem drei Grundsätze zu beachten. Erstens soll ein Projektauftrag immer schriftlich formuliert sein. In vielen Fällen genügen zwei bis maximal drei Seiten. Schriftlichkeit zwingt zu klarer Formulierung und Zusammenfassung. Zweitens muss jeder Projektauftrag vom Projektauftraggeber unterschrieben sein. Drittens ist ein professionell gemachter Projektauftrag die beste Form eines Projektsteckbriefes, weil sich dort alle relevanten Informationen finden.

Projektmanagement bedeutet, dass viele unterschiedliche Personen auf begrenzte Zeit zusammenarbeiten und Ergebnisse erreichen wollen[26]. Schon ab Projektstart sollte allen beteiligten Personen und Institutionen klar sein, worin ihr Beitrag für das Projektziel besteht. Gutes Projektmanagement ist so gut wie die Menschen, die mitarbeiten. Trotzdem lohnt es sich, die verschiedenen Personen und vor allem die verschiedenen Aufgaben anzuschauen, die zum Erfolg des Projektes beitragen. Es geht um die folgenden *Beteiligten*: Projektauftraggeber bzw. Projektsteuerungsausschuss, Projektleiter, Projektmitarbeiter, externe Experten, Vertreter von Institutionen und der Projektkunde. Das Wichtigste besteht darin, dass im Vorfeld Aufgaben, Kompetenzen und Verantwortlichkeiten klar geregelt sind. Mit dem professionellen Führen von Projekt-Netzwerken und Projekt-Schnittstellen können schwierige Projektstrukturen gemeistert werden. Auftragsblätter und Schnittstellenanalysen sind hier taugliche Werkzeuge.

3. Projektanalyse und Projektplanung

Die inhaltliche Arbeit in einem Projekt beginnt mit einer Analyse[27]. Viele Menschen verbinden mit »Analyse« zeitraubendes Schattenboxen, sinnloses Füllen von Ordnern oder akademische Spielwiesen von Beratern. In nicht wenigen Projekten kommt das alles leider vor und es ist frühzeitig abzustellen. Trotzdem oder gerade deswegen beharren die wirklich guten Projektleiter auf dem genauen Durchdenken der Ausgangslage und auf der Beurteilung der Situation. Ob sie das »Analyse« nennen, ist zweitrangig. Wichtig sind die Ergebnisse: eine Einschätzung der Startbedingungen und die Herausforderungen für das Projekt. Erst wenn hier Klarheit herrscht, kann ein Projekt geplant und umgesetzt werden. Bewährt haben sich folgende Instrumente: Situationsanalyse/Analyse der Ausgangslage und SWOT/Herausforderungen für das Projekt. Eine Projektanalyse ist eine wesentliche Voraussetzung, das Projekt sauber aufzugleisen. Ob in einer Projektanalyse viel oder wenig Papier produziert wird, ist nicht das Entscheidende. Wichtiger ist die Frage, wie konkret und brauchbar die Analyseergebnisse sind. In einem Fall genügt eine Seite Projektanalyse, in einem anderen Fall muss ein umfangreicher Bericht verfasst werden. Das Wichtigste sind in beiden Fällen die Erkenntnisse oder Maßnahmen, die daraus gewonnen werden können.

Mit jeder Planung steht und fällt die Umsetzung eines Projektes. Es kommt darauf an, die Aufgaben erstens logisch, zweitens zeitlich und drittens bezüglich ihrer Verantwortung richtig festzuhalten. Der Projektbalkenplan und das Projektfunktionendiagramm sind einfache und bewährte Hilfsmittel, um ein Projekt sauber zu planen und umzusetzen. Es geht um folgende Kernfragen: Erstens: Welche Aufgaben (und Teilaufgaben) gibt es im Projekt und wie müssen diese Aufgaben zeitlich angegangen werden? Hier setzt der *Projektbalkenplan* an. *Zweitens:* Wie müssen die Aufgaben, Kompetenzen und Verantwortlichkeiten geregelt sein, damit alle am Projekt beteiligten Personen vernünftig arbeiten und auf ein Ergebnis hinsteuern können? Diese Frage wird vom *Projektfunktionendiagramm* abgedeckt. Unabhängig von der Größe eines Projektes müssen Planungshilfsmittel verwendet werden. Wenn eines fehlt, ist ein Projekt nicht sauber konzipiert. Spätestens in der Umsetzungsphase treten dann Abstimmungsschwierigkeiten, Mehrdeutigkeiten bzw. Missverständnisse auf und sind nur schwer zu korrigieren.

Für das Erreichen von Projektzielen sind Ressourcen, Maßnahmen mit Terminen und Verantwortliche erforderlich. Die Budgetierung von Zeit und Geld ist ein wichtiger Schritt. Im *Ressourcenplan* (Grobbudget) wird der Mitteleinsatz für ein Projekt geplant, kontrolliert und gesteuert[28]. Der Ressourcenplan dient der ersten Kalkulation, der fortlaufenden Kontrolle und der Soll-Ist-Analyse. Er ist eine Planungs- und Entscheidungshilfe.

Ressourcenplan, Balkenplan und Funktionendiagramm sind pragmatisch einsetzbare Hilfsmittel für die saubere Planung eines Projektes. Zusätzlich empfiehlt sich noch ein *Mengengerüst* pro Person, das an dieser Stelle einfach zu erstellen ist. Die Arbeitspakete sind bereits durch den Projektbalkenplan in eine zeitliche Logik gebracht worden. Im Projektfunktionendiagramm werden die Beiträge der einzelnen Personen geklärt. Pro Person kann jetzt der zeitliche Aufwand pro Aufgabe abgeschätzt und quantifiziert werden. Damit liegt das Mengengerüst für jede Person und für jede Aufgabe bzw. Phase vor. Mit einem solchen Mengengerüst wird die Verbindung erreicht von: Aufgabe, Beitrag und Personalaufwand (gemessen in Zeit und Geld).

Organisieren ist eines der wichtigsten Themen in Projekten. Projekte sind gerade dadurch definiert, dass sie nur begrenzte Zeit bestehen und auf keine vorhandene Struktur zurückgreifen können. Bei »Organisation« denken viele an Organigramme, also an die bildliche Darstellung der Aufbaustruktur. Oben steht der Projektleiter, darunter sind die Projektmitarbeiter eingetragen. Nach links und nach rechts finden sich die Schnittstellen zu anderen Projekten oder Unternehmungen. Das Thema »Projektorganisation« bleibt dann an dieser Stelle stehen. Eine wirksame Projektorganisation beginnt aber bei den Zielen des Projektes – und orientiert sich letztlich am Nutzen, den das Projekt für einen Kunden bringen soll. Die beste Methode, Projektorganisation von Anfang an richtig zu machen, ist die Beantwortung folgender drei Grundfragen[29] in Anlehnung an den Altmeister des Management Peter Drucker:

1. Stellt die Projektorganisation sicher, dass die Mitarbeiter ihre Aufgaben so erledigen können, dass der Zweck des Projektes erreicht wird?
2. Kann sich die Projektleitung mit Hilfe der Projektorganisation ihrer Kernaufgabe widmen – der Steuerung des Projektes?
3. Ist die Projektorganisation so ausgerichtet, dass Nutzen für Kunden gestiftet wird?

Die richtige Organisation muss schnell gefunden werden und sollte so tragfähig sein, dass sie den ersten »Stürmen« in der Projektarbeit standhalten kann. Es gibt einige Grundsätze, die sich beim Organisieren bewährt haben: an Ergebnissen ausrichten, Führbarkeit gewährleisten, die Organisation einfach gestalten und Robustheit. Diese Grundsätze gelten für die drei typischen Organisationsformen in Projekten: Stabs- bzw. Koordinations-Projektorganisation, Matrix-Projektorganisation, reine Projektorganisation.

4. Projektumsetzung und Projektabschluss

Die einzige Existenzberechtigung für ein Projekt ist das Erzielen von Resultaten. Die Projektmethode dient vor allem der Verstärkung der Wirksamkeit von einzelnen Personen. In der Praxis ist es aber umgekehrt. Viele Menschen müssen die Erfahrung machen, dass sie alleine mehr zuwege bringen als in der Projektgruppe. Gemeinsam wird ein Projekt begonnen und am Ende bleiben dann die viel zitierten Einzelkämpfer übrig. Das hat wenig damit zu tun, dass diese Einzelkämpfer unsozial sind, mehr Ehrgeiz entwickeln oder keine Konkurrenz wollen. Vielmehr hat sich die Umsetzungsstärke einer Projektgruppe nicht entwickelt. Resultatorientierung und Leistungsmessung sind Voraussetzung für den Erfolg des Projektes. *Resultatorientierung* betrifft das »magisches Dreieck« im Projektmanagement: Qualität, Zeit und Kosten. Durch das Messen von Projektleistungen wird ein deutliches Feedback zur Leistungsfähigkeit gegeben[30]. Dieses Feedback ist eine Grundvoraussetzung für das Verbessern der Projekte in ihrer inneren Logik, in den Aufgaben, Kompetenzen und Verantwortlichkeiten. Messen ist die wohl intensivste und objektivste Form der Auseinandersetzung aller Beteiligten mit dem, was sie tun und für einen Kunden leisten. Aufgabenliste und Stellenbeschreibung sind die direkte Fortsetzung der Resultatorientierung über konkrete Aktivitäten (Aufgabenliste) und über die Funktion (Stellenbeschreibung). Damit ist das von Personen unabhängig formulierte Projektziel mit den konkreten Personen verbunden. Beide Instrumente sind relativ einfach anzuwenden und einzusetzen. Sie sind Führungswerkzeug und Umsetzungsvoraussetzung in einem.

Ein Hebel für Projektumsetzung ist die *Sitzung*. Sie gehört zum Alltag jeder Art von Organisation: in der Wirtschaft, in der Politik, im Kulturleben und in Verwaltungen. Auf Sitzungen werden Entscheidungen getroffen, Informationen ausgetauscht und Ziele diskutiert. Es gibt weniges, an dem die Kompetenz oder Inkompetenz von Projektleitern so deutlich ersichtlich wird, wie an der Fähigkeit, Sitzungen zu führen. Völlig zur Recht klagen viele Menschen darüber, dass sie zu viel Zeit in zu vielen unwirksamen Sitzungen verbringen. Jeder Aufwand in Projekten wird kalkuliert, jeder Spesenkilometer geprüft. Hingegen wird die Effektivität von Sitzungen praktisch nie hinterfragt. Wirksame Sitzungen sind eine wesentliche Voraussetzung für erfolgreiche Projekte. Dazu gehört auch Professionalität bei Sitzungsführung, Tagesordnung und Protokollierung.

Ein wichtiges, aber häufig unterschätztes Werkzeug im Projekt ist der *Sitzungskalender*[31]. Dort sind im ersten Schritt die Gremien und die jeweiligen Leiter festzulegen, die für die Lenkung eines Projektes notwendig sind. Dieser Schritt setzt bei der Logik des Funktionendiagramms an. Es geht um wichtige »Querschnittsthe-men«, die nur horizontal von mehreren Leuten bewältigt werden können. Umfang und Struktur solcher Themen sind sehr verschieden: von Beauftragungen, Freiga-ben bis hin zu Schlüsselentscheiden. Wichtig ist in jedem Fall eine klare Struktur der Gremien und Transparenz. Im Sitzungskalender sind daher Gremium, Leitung, Termin, Dauer, Tagesordnungspunkte, Teilnehmer und Protokollant aufzuneh-men. Diese Liste wird so zu einem integralen Bestandteil einer Projektorganisa-tion.

Die meisten Tipps im Projektmanagement beziehen sich auf Themen wie Projekt-start, Kommunikation, Projektführung. Nur selten wird über das Ende eines Projektes gesprochen, insbesondere über eine saubere Projektübergabe. Das gilt insbesondere dann, wenn Projekte gut laufen. Heutzutage werden sehr viele Projekte professio-nell geplant und umgesetzt. Hilfsmittel wie Netzplantechnik, Projektsoftware und Moderationskoffer gehören zum Alltag jeder Projektarbeit. Plangemäß stellen sich dann Erfolge ein, Kunden sind zufrieden und Mitarbeiter motivieren sich durch die Resultate, die sie erzielt haben. Die meiste Energie wird in einen guten Projektstart gesteckt, weil hier schon der Grundstein für den späteren Erfolg gelegt ist. Projekt-aufträge, Zeitpläne und Organisationsfragen werden nur selten dem Zufall überlas-sen. Das ist den meisten Beteiligten bewusst. Demgegenüber kann beobachtet wer-den, dass Projekte nur sehr selten einen professionellen Abschluss finden[32]. Mit der Projektübergabe und dem *Projektabschluss* kann gegengesteuert werden. Dies gilt selbstverständlich auch für eine der unangenehmsten Angelegenheiten im Projekt – den Projektabbruch. Auch dieser ist professionell zu organisieren.

5. Projektsteuerung und Multiprojekt-Management

Projekte werden in vielen Organisationen länger in ihrem zeitlichen Rahmen, sie werden größer und zunehmend komplizierter. *Controlling* ist ein geeignetes Instru-ment, um vor diesem Hintergrund wirksames Projektmanagement zu unterstüt-zen[33]. »Controlling« kommt aus dem Englischen und darf nicht eins zu eins mit dem deutschen Wort »kontrollieren« übersetzt werden. Die korrekte Übersetzung lautet »steuern« und »lenken«. Und darin liegt auch der Hauptzweck von Control-ling. Es ist als Werkzeug zur Unterstützung von Projekten zu sehen. Wie fast über-all im Projektmanagement so gilt auch hier: Controlling ist keine Wissenschaft und kein Tummelfeld für Spezialisten. Vor allem als Projektleiter sind ein paar Grund-sätze für effektives Projektcontrolling zu beachten.

1. Controlling liegt in der Verantwortung der Projektleitung und nicht des Projekt-controllers, 2. Controlling beginnt mit dem Projektstart, 3. Controlling ist Finanz-oder Umsetzungscontrolling, 4. Controlling steht und fällt mit dem Berichtwesen. Im Controlling-Bericht werden die wesentlichen, controlling-relevanten Fakten und Schlussfolgerungen verdichtet. Vor allem geht es um die Themen: Meilensteine/ Endtermin, Stand im Maßnahmencontrolling und Stand im Ressourcencontrolling. Wichtigste Abweichungen und Problemfelder werden gesondert ausgewiesen und entschieden. Der Controlling-Bericht gibt einen Status wieder und ist insofern gleich-zeitig auch ein Projektzwischenbericht.

Sobald mit Projektzielen gearbeitet wird, sind Risiken einzubeziehen. »Risiko« bedeutet in diesem Fall eine negative oder positive Zielabweichung. Gerade im Projektmanagement zeigt sich, dass der größte Teil der Risikoursachen in frühen Phasen liegt, die Auswirkungen aber erst später »aufschlagen«. Es bewährt sich, in der Analysephase eine Risikoanalyse durchzuführen, während des gesamten Projektes zu überwachen und gegebenenfalls zu ergänzen. Die Zahl der Projekte, die durch nicht vorhandenes Risikomanagement gescheitert sind, ist sehr hoch. Unterschätzte Risiken wirken sich negativ auf das Projektergebnis aus. *Risikomanagement* erfüllt folgende Funktionen: Identifikation der Risiken, Bewertung der Risiken, Erarbeitung von Maßnahmen zur Gegensteuerung und Überwachung von Risiken.

Arbeiten in Projekten bedeutet Arbeiten ohne Routinen, ohne vorgegebene Strukturen, dafür aber mit Ergebnis- und Zeitdruck. Gleichzeitig steigen damit die Anforderungen an die eigene Person. Wer in Projekten wirksam sein will, muss hin und wieder die eigene Arbeitsmethodik auf den Prüfstand stellen. Gutes Projektmanagement wird gerne effektiven Teams zugeschrieben. Nur selten wird erwähnt, dass die erste Voraussetzung für wirksames Projektmanagement in der Führung der eigenen Person liegt. Gerade die Art und Weise, wie eine Person arbeitet und sich selbst organisiert, ist entscheidend. In der Praxis wird diesem Aspekt allerdings wenig Beachtung geschenkt. Es gibt keine Geheimnisse auf dem Gebiet der *Arbeitsmethodik*, selbst wenn manchmal so getan wird. Weder fernöstliche Erfolgsrezepte noch Rhetorikkurse können eine sinnvolle Arbeitsmethodik ersetzen. Viel zu oft werden Probleme oder Stress mit mangelnden fachlichen Fähigkeiten oder schlechter Kommunikation verwechselt, obwohl die persönliche Arbeitsweise betroffen ist. Hier muss hin und wieder eine kritische Distanz eingenommen werden mit der höchst persönlichen Frage: »Arbeite ich eigentlich richtig – entsprechend meinen Aufgaben und meinen Stärken?« Arbeitsmethodik ist etwas sehr Persönliches. So unterschiedlich die Menschen sind, so verschieden sind auch die Techniken des Arbeitens. Trotzdem halten sich effektive Menschen an ein paar Grundsätze, die nicht nur einen besseren Einsatz von Zeit und Energie, sondern auch deutlich mehr Wirksamkeit in die Projekte bringen. Es geht um die Grundsätze der Ergebnisse, des Zurückrechnens, des Planens, des kurzen Gedächtnisses und der bewussten Verwendung von Werkzeugen.

Projektkommunikation und die Steuerung der Projekt-Stakeholder sind permanente Aufgaben, die seitens der Projektleitung zu leisten sind. Gerade in der Kommunikation zeigen sich Missverständnisse, die den Blick für das Wesentliche verstellen und Kommunikation falsch einsetzen:

Missverständnis 1:   Ein Maximum an Kommunikation ist Voraussetzung für den Projekterfolg.

Missverständnis 2:   Praktisch alle Probleme sind auf schlechte Kommunikation zurückzuführen.

Missverständnis 3:   Je mehr kommuniziert wird, umso größer ist das Vertrauen.

Wenn ständig über die Notwendigkeit von Kommunikation gesprochen wird, ist dies ein Zeichen dafür, dass die erzielten Resultate nicht zählen. So paradox es klingen mag: In der tagtäglichen Projektarbeit ist ein Übermaß an Kommunikation letztlich ein Zeichen von Misstrauen und falscher Projektkultur. Die besten Voraussetzungen für ein Projekt sind gegeben, wenn die Ziele, Aufgaben, Kompetenzen und schlussendlich auch die Verantwortung für alle klar sind. Dann muss nicht mehr bei jeder Gelegenheit kommuniziert werden. Das Projekt läuft, jeder kann sich seiner Aufgabe widmen und vor allem wird sich früher oder später eines zeigen: Die Leute reden wieder miteinander und müssen nicht ständig »kommunizieren« oder sich »rhetorisch verkaufen«[34].

Die Universalität der Projektmethode zeigt sich nicht zuletzt darin, dass in praktisch allen Organisationen mehrere Projekte gleichzeitig laufen. Das Top-Management steht vor der Herausforderung, nicht operativ in allen Projekten mitzuarbeiten, aber trotzdem alle Projekte unter Kontrolle zu halten. Die Steuerung von vielen Projekten ist das Ziel des Multiprojekt-Managements. In den bisherigen Ausführungen stand das einzelne Projekt im Vordergrund. Analyse, Beauftragung, Planung, Umsetzung und Steuerung galten dem Ziel, ein einzelnes, konkretes Projekt zum Erfolg zu führen. Im *Multiprojekt-Management* sind im Prinzip dieselben Inhalte und Vorgehensweisen anzuwenden. Einige Grundsätze haben sich in der Praxis bewährt und sind einfach anzuwenden.

1. Nüchternes und emotionsloses Notieren aller Projekte und »Baustellen«,
2. Aussieben, was nicht wirklich ein Projekt ist,
3. Konsequente Verwendung von projektbezogenen Steuerungsinstrumenten,
4. Alle Projekte auf einen Blick mit einer Projektlandkarte,
5. Nutzung des Multiprojekt-Managements als Führungsinstrument.

Multiprojekt-Management ist eine Führungsaufgabe[35]. Alle Methoden und Werkzeuge müssen den Überblick sicherstellen und eine Entscheidungsgrundlage liefern. Erfahrene Manager reservieren sich zwei bis drei Tage pro Jahr für diese Aufgabe. Hierdurch kommen sie ihrer Verantwortung nach und verstehen mehr vom Geschäft. Nur so gewinnen sie Respekt und stellen einen gesunden Druck auf Projektauftraggeber und Projektleiter sicher. Dadurch entsteht die beste und wohl auch einzige Rechtfertigung für Projekte: Ergebnisse.

Literatur

1   *Turner, J./Simister, S.* (Hrsg.), Gower Handbook of Project Management, Aldershot 2000, S. 479.
2   *Patzak, G./Rattay, G.*, Projektmanagement – Leitfaden zum Management von Projekten, Projektportfolios und projektorientierten Unternehmen, Wien 1997, S. 283 ff.
3   Vgl. *Mantel, S./Meredith, J.*, Project Management – A Managerial Approach, New York 2000, S. 261.
4   Vgl. *Steinle, C./Lawa, D./Kraege, R.*, Projektcontrolling: Konzepte, Instrumente und Formen, in: *Bruch, H./Lawa, D./Steinle, C.* (Hrsg.), Projektmanagement – Instrument moderner Dienstleistung, Frankfurt/Main 1995, 131 ff.
5   *Kerzner, H.*, Project Management – A Systems Approach to Planning, Scheduling and Controlling, New York 2001, S. 903.
6   Vgl. *Turner, R.*, The Commercial Project Manager, London 1995, S. 61.
7   *Ehrl-Gruber, B./Süss, G.*, Praxishandbuch Projektmanagement, Augsburg 1996, Kap. 2.9.1.
8   Vgl. *Turner, J./Simister, S.* (Hrsg.), Gower Handbook of Project Management, Aldershot 2000, S. 375 ff.
9   Vgl. zum Thema Arbeitsmethodik: *Malik, F.*, malik on management m.o.m.®-letter, Persönliche Arbeitsmethodik I und II, Nr. 11/97 und Nr. 12/97.
10 *Patzak, G./Rattay, G.*, Projektmanagement – Leitfaden zum Management von Projekten, Projektportfolios und projektorientierten Unternehmen, Wien 1997, S. 150 ff.
11 *Cleland, D.*, Project Management – Strategic Design and Implementation, New York 1994, S. 250.
12 *Drucker, P.*, Die ideale Führungskraft. Die hohe Schule des Managers, Düsseldorf 1995, S. 157 ff.
13 Vgl. *Fangel, M.*, Best Practice in Project Start-Up, in: Proceedings 14th World Congress on Project Management, IPMA, 1998, S. 354.
14 *Turner, J./Simister, S.* (Hrsg.), Gower Handbook of Project Management, Aldershot 2000, S. 741.
15 *Patzak, G./Rattay, G.*, Projektmanagement – Leitfaden zum Management von Projekten, Projektportfolios und projektorientierten Unternehmen, Wien 1997, S. 281.
16 Vgl. *Malik, F.*, Führen Leisten Leben. Wirksames Management für eine neue Zeit, Stuttgart-München 2000, S. 88.
17 Vgl. generell: *Loftus, J.* (Hrsg.), Project Management of Multiple Projects and Contracts, London 1999.
18 *Turner, J./Simister, S.* (Hrsg.), Gower Handbook of Project Management, Aldershot 2000, S. 47 ff.
19 *Gareis, R.*, Programm-Management und Projektportfolio-Management, in: *Deutsche Gesellschaft für Projektmanagement (Hrsg.)*, Projekt Management 1/2001, Köln 2001, S. 4 ff.
20 *Hansel, J./Lomnitz, G.*, Projektleiter-Praxis, Berlin 2000, S. 25 ff.
21 *Turner, J./Simister, S.* (Hrsg.), Gower Handbook of Project Management, Aldershot 2000, S. 65.
22 *Malik, F.*, malik on management m.o.m.®-letter, Management-Aufgaben und Management-Werkzeuge – eine Übersicht, Nr. 10/97, S. 187 ff.
23 *Patzak, G./Rattay, G.*, Projektmanagement – Leitfaden zum Management von Projekten, Projektportfolios und projektorientierten Unternehmen, Wien 1997, S. 92.
24 Vgl. *Kerzner, H.*, Project Management – A Systems Approach to Planning, Scheduling and Controlling, New York 2001, S. 573 ff.
25 Vgl. *Mantel, S./Meredith, J.*, Project Management – A Managerial Approach, New York 2000, S. 203.
26 *Briner, M./Geddes, M./Hastings, C.*, Project Leadership, Cambridge 2001, S. 93 ff.
27 *Cleland, D.*, Project Management – Strategic Design and Implementation, New York 1994, S. 77.

28 *Burghardt, M.*, Projektmanagement – Leitfaden für die Planung, Überwachung und Steuerung von Entwicklungsprojekten, Berlin-München 1993, S. 228 ff.

29 Vgl. *Malik, F.*, malik on management m.o.m.®-letter, Organisieren – »Dauerbrenner« – Problem der nächsten Jahre, Nr. 02/95, S. 24.

30 Vgl. *Drucker, P.*, Sinnvoll wirtschaften. Notwendigkeiten und Kunst, die Zukunft zu meistern, Düsseldorf-München 1997, S. 336.

31 Vgl. *Stöger, R.*, Prozessmanagement, Stuttgart 2009, S. 175.

32 Vgl. *Hansel, J./Lomnitz, G.*, Projektleiter-Praxis, Berlin 2000, S. 139 ff.

33 *Kerzner, H.*, Project Management – A Systems Approach to Planning, Scheduling and Controlling, New York 2001, S. 903.

34 *Patzak, G./Rattay, G.*, Projektmanagement – Leitfaden zum Management von Projekten, Projektportfolios und projektorientierten Unternehmen, Wien 1997, S. 281.

35 Vgl.: *Loftus, J. (Hrsg.)*, Project Management of Multiple Projects and Contracts, London 1999.

Wörterbuch des Projektmanagements

Ablauforganisation: Ablauforganisation bezeichnet alle Methoden, Werkzeuge, Regeln und Institutionen, welche die Prozesse steuern. Beispiele sind etwa ergebnis- bzw. stellengesteuerte Prozessketten, Funktionendiagramme usw

Abnahmeprotokoll: Mit dem Abnahmeprotokoll wird die Übergabe des Projektes an die Linie, an einen Kooperationspartner oder Kunden formell abgeschlossen. Es enthält alle relevanten Informationen, etwa den Status bei der Übergabe, allfällige weitere Verpflichtungen der übergebenden Stelle und Ähnliches. Das Abnahmeprotokoll ist schriftlich zu unterfertigen und gegenzuzeichnen, weil sich privat- bzw. handelsrechtliche Ansprüche daraus ergeben können (Gewährleistung, Vertragsstrafen, Nachbesicherung).

Analyse: Die Analyse dient der gemeinsamen Beurteilung der Ausgangslage. In Projekten ist dies häufig die erste große Phase nach dem Projektauftrag oder – als Vorprojekt – eine Vorphase hin zum eigentlichen Projektauftrag. Welche Werkzeuge für eine Analyse verwendet werden, hängt immer vom Einzelfall ab. So können diese Werkzeuge zum Beispiel mit einer SWOT komprimiert zusammengefasst werden.

Arbeitsmethodik: Die persönliche Arbeitsmethodik ist unabdingbare Voraussetzung zur Wirksamkeit der Projektbeteiligten, insbesondere des Projektleiters. Es geht um die Frage des Zeitmanagements, der persönlichen Wirksamkeit, der Ablage, der Delegation und der Selbst-Motivation. Gute Projektleiter unterstützen die Arbeitsmethodik ihrer Projektleiter, um gemeinsam effizienter zu Ergebnissen zu kommen.

Arbeitspaket: Ein Arbeitspaket ist die Summe von Maßnahmen zum selben Thema. Gleichbedeutende Begriffe sind etwa: Schwerpunkt, Stossrichtung, Maßnahmenbündel, Aktionsfeld.

Aufbauorganisation: Aufbauorganisation bezeichnet alle Methoden, Werkzeuge, Regeln und Institutionen, welche die Struktur steuern. Beispiele sind etwa Organigramm, Stellenbeschreibungen, Funktionendefinitionen, Gremienlisten usw.

Aufgabenliste: Die Aufgabenliste besteht aus der zu erledigenden Aktion, einem Termin und einem Verantwortlichen. Die Aktion ist jeweils als Resultat zu formulieren (z.B. »...liegt vor«, »... ist erreicht«), der Termin bezieht sich auf das effektive Resultat und verantwortlich ist nur eine einzelne Person, kein Kollektiv.

Balkenplan: Mit dem Balkenplan werden Aufgaben in eine zeitliche und damit auch logische Reihenfolge gebracht. Er dient vor allem der Visualisierung und dem gegenseitigen Abgleich bzw. dem Aufzeigen der Abhängigkeit von Aktionen.

Controlling: Die Übersetzung des englischen Begriffs »to control« lautet »steuern« und nicht »kontrollieren«. Es geht um alle Aktivitäten, die seitens der Projektleitung entfaltet werden, damit das Projekt als Ganzes die Ziele erreichen kann. Dies können harte Zahlen sein, das »Hingehen und Nachschauen«, Berichte bei Sitzungen und vieles mehr.

Controlling-Bericht: Mit dem Controlling-Bericht wird auf ein bis zwei Seiten ein kurzer Status des Projektes, Teilprojektes oder Arbeitspaketes gegeben. Umfang und Tiefe hängen vom Einzelfall ab. Im Minimum empfehlen sich: Nennung der jeweiligen Ziele, Meilensteine (inklusive Endtermin), Stand bei der Maßnahmenerledigung, Stand bei den Ressourcen, Problemfelder und Diskussionspunkte.

Entscheidung: Mit der Entscheidung übernimmt eine Führungskraft Verantwortung, indem eine Richtung vorgegeben wird. Wichtig ist, dass ein einigermaßen ausgewogenes Verhältnis zwischen Aufgaben, Kompetenzen und Verantwortlichkeiten besteht. Eine solide Entscheidungsmethodik ist Grundlage allen Entscheidens, insbesondere bei wichtigen Themen.

Erfolgsfaktor: Erfolgsfaktoren beschreiben, was für das Erreichen der Projektziele kritisch ist. Damit sind alle Stellhebel gemeint, die positiv oder negativ auf den Projekterfolg einwirken. Bereits vor Projektstart und in allen Projektphasen hat die Projektleitung diese Faktoren zu berücksichtigen. Sollten diese nicht explizit vorliegen, so sind sie zu erarbeiten.

Führungskoalition: Die Führungskoalition beschreibt alle personellen Kräfte, die Interesse am Projekterfolg haben und daher gemeinsam auf die Ziele hinarbeiten. Dies ist völlig unabhängig davon, wie formell bzw. informell der Personenkreis genannt oder gesteuert wird.

Funktionendiagramm: Im Funktionendiagramm werden zeilenweise die wichtigsten Projektschritte bzw. Aufgaben dargestellt. In den Spalten werden konkrete Personen, Personengruppen oder Funktionen genannt. Die Verknüpfung erfolgt durch Aktivitäten, etwa: planen, entscheiden, ausführen, kontrollieren, informieren. Dadurch entstehen Klarheit, Verantwortlichkeit und Transparenz.

Gremium: Als Gremium wird eine für bestimmte Zeit oder dauerhaft eingesetzte Sitzung bezeichnet. Kompetentes Sitzungsmanagement ist eine wesentliche Voraussetzung für Wirksamkeit.

Gremienliste: Auf der Gremienliste werden die wichtigsten Gremien, d.h. fixen Sitzungsrunden, festgehalten. Andere Begriffe sind: Sitzungskalender, Sitzungsliste, Besprechungsliste usw.

Ideensteckbrief: Der Ideensteckbrief dient dazu, der ersten, kreativen Sammlung von Vorschlägen entsprechende Gestalt und Struktur zu geben. Die Beschreibung von Problem, Lösung und Nutzen gehört genauso dazu wie der Entscheid über Vertiefung oder ein Zurückstellen.

Innovationsprojekt: Das Innovationsprojekt ist die Anwendung der Projektmethodik auf Innovationen. Es unterscheidet sich bzgl. Methodik nicht von herkömmlichen Projektthemen, allerdings ist die Bedeutung meistens noch größer. Keine Innovation kann umgesetzt werden, wenn nicht die einfachsten Regeln des Projektmanagements eingehalten werden.

Input-Output-Matrix: Mit der Input-Output-Matrix wird untersucht, welche Einflüsse von einem Anstoß zu einem Resultat führen. Gleichzeitig ergeben sich Ursache-/Wirkungs-Zusammenhänge und daraus die Erkenntnis, wo die echten Stellhebel liegen.

Jahresziel: Im Jahresziel werden Ziele, die für eine Organisation gelten, zu unterjährigen Zielen einer konkreten Person. Projekte, Teilprojekte oder Arbeitspakete können zu Jahreszielen werden. Voraussetzung zum Funktionieren von Jahreszielen ist ein transparenter, klarer und nachvollziehbarer Zielprozess.

Kommunikationsmatrix: Die Kommunikationsmatrix fasst zusammen, welche Zielgruppe mit welchen Zielen durch welches Medium über das Projekt informiert wird. Entsprechende Verantwortlichkeiten, Termine und Maßnahmen sind festzuhalten.

Komplexität: Komplexität beschreibt die Anzahl der Zustände, die ein System annehmen kann. Der Anstoß bzw. der treibende Faktor kann von außen oder von innen kommen. Generell gilt, dass der Komplexitätsgrad von Projekten per definitionem hoch ist.

Kompliziertheit: Kompliziertheit drückt den Grad der Umständlichkeit aus, bis etwas funktioniert. Dies kann sowohl die Basis-Funktionalität betreffen als auch ein zu hohes Anspruchsniveau bzw. Qualitäten, die niemand braucht. Kompliziertheit ist von Komplexität klar zu unterscheiden. Etwas kann komplex, aber nicht kompliziert sein und umgekehrt. Die Bedienung eines VHS-Gerätes in den 1990er-Jahre war kompliziert, aber nicht komplex. Umgekehrt ist ein Kreisverkehr nicht kompliziert, kann aber perfekt mit Komplexität umgehen.

Lastenheft: Im Lastenheft wird der Projektauftrag für Innovationsprojekte beschrieben. Typische Inhalte sind: Projektbezeichnung, Ausgangslage, Projektziele, Kundennutzen, Wirtschaftlichkeit, Vorgehen/Zeitplan, Verantwortlichkeiten/Projektorganisation, Projektbudget, Schnittstellen, Informationsfluss, Projektdokumentation und Genehmigungszeile.

Leistungsbeurteilung: Mit der Leistungsbeurteilung überprüft eine Führungskraft, ob und inwieweit ein Mitarbeiter seine Ziele erreicht hat. Es ist das Feedback auf die vereinbarten Ziele. In Projekten ist eine Leistungsbeurteilung häufiger vorzunehmen, weil der zeitliche Takt viel kürzer ist und die Anforderungen häufig wechseln.

Leistungskurve: Die Leistungskurve beschreibt die physische und psychische Verfassung einer Person in einer bestimmten Zeiteinheit (meistens: Arbeitstag). Es geht um die Faktoren: Aufmerksamkeit, Konzentrationsvermögen, Fitness, Belastbarkeit usw.

Leistungsmessung: Die Leistungsmessung beurteilt nicht eine Person, sondern ein Produkt bzw. eine Dienstleistung. Gemessen werden alle Faktoren, die den Kundennutzen beeinflussen können. In Projekten bezieht sich die Leistungsmessung üblicherweise auf die Ziele des Projektauftrages.

Linienaufgabe: Die Linienaufgabe ist eine zu erbringende Leistung, die – ohne die Linie zu verlassen – im Rahmen einer bestehenden organisatorischen Einheit umgesetzt werden kann. Es entfallen somit Schnittstellen- und Steuerungsprobleme.

Linienfunktion: Unter Linienfunktion werden alle aufgabenbezogenen Verantwortlichkeiten zusammengefasst, um eine Leistung zu erbringen. Diese sind auf zeitliche Dauer ausgelegt und in der Aufbauorganisation entsprechend hinterlegt.

Linienprojekt: Wenn anspruchsvolle Aufgaben innerhalb der Linie erledigt werden können, ist der Begriff »Projekt« eigentlich überflüssig. In sehr großen Linienorganisationen kann es aber durchaus Sinn machen, entsprechend herausfordernde Aufgaben als Linienprojekt zu deklarieren. Allerdings sollte mit diesem Begriff sehr sparsam umgegangen werden.

Management: Frei nach dem Altmeister des Managements, Peter Drucker, bedeutet Management nichts anderes als der »Beruf des Resultate-Erzielens«. Es ist jene Funktion in Organisationen, die dafür sorgt, dass die Organisation ihren Auftrag erfüllen kann und ein echtes Ganzes entsteht.

Management-Attention: Management-Attention ist der Gradmesser, inwieweit ein Thema in der Aufmerksamkeit der Führung steht. Grundsätzlich muss durch die Projektleitung sichergestellt sein, dass das jeweilige Projekt klar in der Management-Attention der Gesamtführung liegt.

Mengengerüst: Das Mengengerüst ist nichts anderes als die Aufschlüsselung von Aufgaben in quantitative Werte, etwa Qualität, Zeit, Kosten.

Müllabfuhr: Die systematische Müllabfuhr ist eine Grundvoraussetzung wirksamer Organisationen und Personen. Der Kern der Idee ist, bestehende Aufgaben, Routinen, Verfahren, Prozesse usw. permanent zu hinterfragen und abzuschaffen bzw. zu reduzieren. Nur so entsteht der Freiraum für die wirklich entscheidenden Themen, wie etwa Projekte.

Multiprojekt-Management: Im Multiprojekt-Management geht es darum, mehrere Projekte so zu steuern, dass gegenseitige Abhängigkeiten klar werden und keine Suboptimierung stattfindet. Nachdem hier über Prioritäten entschieden werden muss, sollte die Verantwortung im Top-Management liegen. Letztlich handelt es sich um die Steuerung des Projekt-Portfolios.

Organigramm: Das Organigramm ist ein Planungs- und Darstellungswerkzeug für die Aufbauorganisation. Logik, Tiefe und Ausgestaltung richten sich nach den sachlichen Erfordernissen der Organisation und des Umfeldes. Generell lassen sich Hierarchie und funktionale Verantwortlichkeiten darstellen, nicht aber die Wirklichkeit eines Systems.

Organisation: Eine Organisation ist das Zusammenspiel aller Methoden, Werkzeuge, Regeln und Institutionen, damit der Zweck dieser Organisation erfüllt wird. Häufig wird in Aufbau- und Ablauforganisation unterschieden.

Planungshilfsmittel: Planungshilfsmittel dienen der systematischen Strukturierung eines wichtigen Themas, wie etwa Projekte, Prozesse, Strategie usw. Das Ziel eines Planungshilfsmittels ist immer, die Thematik verständlich aufzubereiten, eine Entscheidungsvorlage zu liefern und die Umsetzung vorzubereiten.

Projekt: Gemäß DIN 69901 wird ein Projekt wie folgt definiert: »Ein Projekt ist ein Vorhaben, das im Wesentlichen durch die Einmaligkeit der Bedingungen in ihrer Gesamtheit gekennzeichnet ist, wie z.B. Zielvorgabe, zeitliche, finanzielle, personelle oder andere Begrenzungen, Abgrenzung gegenüber anderen Vorhaben und projektspezifische Organisation.«

Projektabbruch: Wenn sich maßgebliche Faktoren verändern, muss ein Projektabbruch erfolgen. Diese Faktoren können vielfältig sein: Veränderungen in der Ausgangslage, inkompetentes Projektmanagement und andere unvorhersehbare Einflüsse. In vielen Fällen muss auch ein Projektabbruch geführt werden, insbesondere dann, wenn bereits wichtige Teilergebnisse vorliegen und eine andere Form der Weiterbearbeitung erfolgt.

Projektabschluss: Der Projektabschluss ist das formale Ende eines Projektes. Je nach Thema kann das Projektresultat in die Linie übergehen oder einfach festgeschrieben werden. Projektabschlussgespräch und Projektabschluss-Dokumentation sind wichtige Elemente beim Abschließen eines Projektes.

Projektauftrag: Der Projektauftrag ist ein Schlüsseldokument und -werkzeug im Projektmanagement. Dort werden die wichtigsten Vorgaben und Planungseckdaten eingegeben, damit Projektmanagement erfolgen kann. Es geht typischer Weise um folgende Themen: Ausgangs-/Problemlage, Projektziele/Teilziele, Nutzen für Kunden und das Unternehmen, Projektphasen/-termine, betroffene Organisationen, Mittelschätzung, Projektorganisation, Personen im Projekt, Genehmigungszeile.

Projektauftraggeber: Der Projektauftraggeber ist diejenige Person, die ein Projekt offiziell in Auftrag gibt und entsprechend auch die Gesamtverantwortung trägt. Der Projektleiter verantwortet das Projekt im Innenverhältnis gegenüber dem Projektauftraggeber.

Projektbudget: Das Projektbudget ist die quantitative, aufwandsbezogene Hinterlegung des kompletten Projektes. Wie detailliert dies geschieht, hängt vom Einzelfall ab. Bei Projektgesellschaften nach Privatrecht erfüllt die G&V die Funktion eines Projektbudgets, bei kleinen Projekten kann dies über eine einfache Kalkulation geschehen.

Projektdokumentation: In der Projektdokumentation sind alle projektrelevanten Schriftstücke gesammelt (elektronisch und physisch). Ablagelogik, Ablagesysteme, Verschlagwortung, Zugriff, Lese-/Schreibberechtigung und Wiederauffindbarkeit sind wesentliche funktionale Kriterien in der Dokumentation. Bei Projektabschluss bzw. -übergabe ist eine finale Projektdokumentation anzulegen.

Projekterfolg: Der Projekterfolg ist das Erreichen eines Projektnutzens. Dieser bezieht sich in erster Linie auf den Projektkunden, aber auch auf die Organisation, die das Projekt gestartet und umgesetzt hat.

Projektgesellschaft: In sehr großen und langfristigen Projekten kann bzw. muss aufgrund rechtlicher Bestimmungen eine Projektgesellschaft bürgerlichen Rechts eingerichtet werden. Dies richtet sich nach sachlichen und nach rechtlichen Erfordernissen. Häufig anzutreffen ist eine solche Konstruktion bei Joint Ventures oder etwa in langjährigen Geschäften (Beispiel im Anlagenbau).

Projekthandbuch: Im Projekthandbuch sind alle unmittelbar projektrelevanten Informationen zusammengefasst. Es ist Teil der gesamten Projektdokumentation und dient primär der operativen Steuerung.

Projekt-Kick-off: Das Projekt-Kick-off ist der offizielle Start des Projektes. Alle Projektbeteiligten sind anwesend, Methodik, Projektauftrag und Ziele werden nochmals vorgestellt und allfällige offene Punkte besprochen.

Projektkommunikation: Die Projektkommunikation sind alle formellen und informellen Kanäle, Medien und Foren, in denen projektbezogene Informationen ausgetauscht werden. Mittels Kommunikationsmatrix kann dies gesteuert werden.

Projektkosten: Die Projektkosten stellen alle projektrelevanten Kostenarten dar. Nachdem es sich um kalkulatorische Größen handelt, gibt es keinen vorgeschriebenen, formalrechtlichen Rahmen für die Logik, Darstellung und Steuerung. Meistens genügt es, wenn Personal- und Sachkosten ausgewiesen werden.

Projektkultur: Die Projektkultur kann sich auf eine Organisation als Ganzes beziehen und meint vor allem: Bedeutung von Projekten, entsprechende Werte, die Geschichte erfolgreicher bzw. gescheiterter Projekte und die Management-Attention. Dieselben Faktoren gelten im Prinzip auch, wenn von der Kultur innerhalb eines Projektes gesprochen wird. Am stärksten prägen Führungskräfte eine Projektkultur.

Projektkunde: Der Projektkunde ist Dreh- und Angelpunkt in jedem Projekt. Kein Projekt startet ohne (internen oder externen) Projektkunden. Der Kunde definiert die Anforderungen im Sinn seines Nutzens und muss auch die Möglichkeit haben, das Projektergebnis abzunehmen.

Projektlandkarte: Die Projektlandkarte ist ein Instrument des Multiprojekt-Managements. Es werden darauf alle Projekte dargestellt und gesteuert. Die Logik bzw. Dimensionen richten sich nach den sachlichen Erfordernissen. Häufig werden die Dimensionen nach Komplexitätsgrad und zeitlichem Fortschritt gewählt.

Projektleiter: Der Projektleiter steuert das Projekt operativ und ist in dieser Funktion dem Projektauftraggeber verantwortlich. Er ist der Vorgesetzte der Projektmitarbeiter, hat für deren Ziele, deren Steuerung und die Leistungsbeurteilung zu sorgen.

Projektmanagement: Projektmanagement ist die Führung von Projekten. Es unterscheidet sich in seinem Wesen nicht von den allgemeinen Grundsätzen, Aufgaben und Werkzeugen wirksamen Managements. Lediglich einzelne Ausprägungen sind stärker bzw. schwächer ausgeprägt aufgrund des Anwendungsobjektes »Projekt«.

Projektmethode: Unter Projektmethode wird zunächst die Entscheidung verstanden, ein wichtiges Thema nicht in der Linie, sondern als Projekt durchzuführen. Im weiteren Sinn geht es um alle Verfahrensweisen und Werkzeuge, um ein Projekt zu planen, umzusetzen und zu steuern.

Projektmitarbeiter: Projektmitarbeiter sind all diejenigen Personen, die einen Beitrag zum Projekterfolg leisten und offiziell im Projektauftrag genannt sind. Anzahl, Funktionen und hierarchische Eingliederung sind abhängig von der Größe, der Komplexität und der spezifischen Situation des jeweiligen Projektes.

Projektorganisation: Die Projektorganisation ist das Zusammenspiel aller Methoden, Werkzeuge, Regeln und Institutionen, damit das Projektziel erreicht wird. Häufig wird unterschieden in Stabs- bzw. Koordinations-Projektorganisation, Matrix-Projektorganisation und reine Projektorganisation. Alle Arten haben Vor- und Nachteile und finden sich erfolgreich bzw. nicht erfolgreich in der Praxis. Der entscheidende Faktor ist demnach nicht die Wahl der Organisation, sondern kompetentes Projektmanagement in der jeweiligen Projektorganisation.

Projektphase: Die Projektphase ist ein zeitlicher Abschnitt, der durch ein Aufgabenpaket gekennzeichnet ist. Die Granularität der Projektphasen richtet sich nach den sachlichen Erfordernissen.

Projektprozess: Der Projektprozess beschreibt den idealtypischen Ablauf der Vorbereitung, Entscheidung und Durchführung eines Projektes in einer Organisation.

Projektspielregel: Die Projektspielregeln sind alle Normen und Grundsätze, die in einem Projekt gelten. Dies kann implizit oder explizit, inoffiziell oder offiziell sein.

Projektsteckbrief: Im Projektsteckbrief werden die wichtigsten Informationen zum Projekt im Überblick dargestellt. Das Ziel ist, dass ein Leser innerhalb kürzester Zeit Überblick und Klarheit über das Projekt hat.

Projektübergabe: Die Projektübergabe stellt sicher, dass das Projektergebnis in die Linie überführt werden kann. Dies geschieht mittels Projektübergabeprotokoll.

Projektziel: Das Projektziel ist das vorweggenommene Projektresultat. Jedes Entscheiden, Planen, Umsetzen und Steuern im Projekt bezieht sich auf dieses Projektziel.

Protokoll: Das Protokoll ist die schriftliche Zusammenfassung einer Sitzung, eines Gespräches oder eines Ereignisses. Generell kann zwischen Dokumentations-, Entscheidungs- und Maßnahmenprotokoll unterschieden werden (inkl. aller Mischformen).

Qualitätsaudit: Mit dem Qualitätsaudit soll ein Befund über Qualität, d.h. letztlich Kundennutzen, gegeben werden. Gegenstand eines Qualitätsaudits können Produkte, Dienstleistungen, organisatorische Einheiten, Prozesse oder Projekte sein.

Rahmenheft: Im Rahmenheft wird der Projektantrag für Innovationsprojekte geschrieben. Neben Projektbezeichnung und Projektzielen geht es vor allem um Wirtschaftlichkeitsberechnungen, um das Vorgehen (Zeitplan), Verantwortlichkeiten, Projektbudget, Schnittstellen, Informationsfluss und Projektdokumentation.

Ressourcenplan: Der Ressourcenplan ist ein Mengengerüst, das spezifisch die notwendigen Ressourcen einer Organisationseinheit, eines Prozesses oder eines Projektes darlegt. Meistens werden Personal-, Sach- oder Finanzressourcen unterschieden.

Resultat: Das Resultat ist Dreh- und Angelpunkt des Projektmanagements, wie generell im Management. Es ist das umgesetzte Ziel und hat entsprechende Wirkung für Kunden und für die Organisation bzw. die Person, die das Resultat erbringt.

Risikomanagement: Im Risikomanagement geht es um die Identifikation, Bewertung, Vermeidung und Steuerung von Projektrisiken.

Schnittstelle: Von einer Schnittstelle wird dann gesprochen, wenn eine durchgängige Aktivität (Prozess, Projekt...) von unterschiedlichen Organisationseinheiten, Personen, unterschiedlicher Infrastruktur oder Technik bewerkstelligt wird. Im Sinn der Verantwortung für das Ganze muss diese Schnittstelle gesteuert werden – etwa mit einer Input-Output-Matrix.

Sitzung: Die Sitzung ist der physische Ort der Zusammenkunft von Personen, um Ziele zu vereinbaren, ein Projekt zu organisieren, Entscheidungen zu treffen und zu berichten. Sitzungen sind ihrer Natur nach langsam, schwerfällig und umständlich. Damit echte Ergebnisse produziert werden, braucht es kompetentes Sitzungsmanagement.

Sitzungsmanagement: Unter Sitzungsmanagement werden alle Führungsaktivitäten verstanden, die eine Sitzung wirksam machen. Präzise Vorbereitung, strukturierte Leitung, professionelle Dokumentation und entsprechende Nacharbeit sind wesentliche Eckpunkte dabei.

SMART: Es handelt sich hier um eine griffige, einprägsame Formel zur Formulierung von Zielen: S-spezifisch, M-messbar, A-aktiv beeinflussbar bzw. ableitbar, R-realistisch, T-terminiert.

Stakeholder: Stakeholder sind Anspruchs- bzw. Interessensgruppen an einer Leistung, einem Projekt oder einem Unternehmen. Üblicherweise werden hier genannt: Eigentümer, Führungskräfte, Mitarbeiter, Interessensverbände, die Gesellschaft oder einzelne Gruppen, Lieferanten, Abnehmer bzw. Kunden. Art, Struktur und Anspruch sind je nach Thema unterschiedlich ausgeprägt. Gerade in Projekten müssen die Stakeholder geführt werden.

Stellenbeschreibung: In der Stellenbeschreibung werden Aufgaben, Kompetenzen und Verantwortlichkeiten festgehalten. In sehr großen und langen Projekten macht es Sinn, dies für die wichtigsten Stellen festzulegen, damit zu keinem Zeitpunkt Unklarheiten entstehen.

SWOT: Unter SWOT wird die Zusammenfassung von Analysen in Form von S-Stärken (strenghts), W-Schwächen (weaknesses), O-Chancen (opportunities) und T-Gefahren (threats) verstanden. Die Methodik zwingt zur prägnanten Aussage und Verdichtung von viel Information.

Tagesordnung: Mit der Tagesordnung werden Sitzungen, Gremien, Tagungen usw. strukturiert. Sie ist ein wichtiges Führungswerkzeug, weil sie zum Durchdenken der einzelnen Tagesordnungspunkte zwingt und daraus abgeleitet die Steuerung der Zeit und die Vorbereitung festlegt.

Team: Das Team ist eine Arbeitsgruppe, die gebildet wird, um die Wirksamkeit der einzelnen Person zu verstärken. In vielen Fällen wird dieses Ziel aber nicht erreicht, weil die Nachteile des Teams überwiegen: Langsamkeit, Verantwortungsverlust, Umständlichkeit, große Kommunikationserfordernisse...

Umsetzung: Frei nach Peter Drucker ist die Umsetzung die Königsdisziplin im Management. Unter Umsetzung wird all das verstanden, was ein Resultat möglich macht. Projekte werden unter anderem auch deswegen gestartet, weil in der bestehenden Organisation die Umsetzungschancen für ein Thema viel geringer eingeschätzt werden.

Umsetzungscontrolling: Das Umsetzungscontrolling ist die Steuerung von Umsetzungsprozessen. Es geht um Maßnahmenverfolgung, die Aufnahme neuer Maßnahmen und ggf. um das Treffen von Schlüsselentscheiden.

Vertrauen: Vertrauen ist ein wichtiger Management- und generell Beziehungsgrundsatz. Es beschreibt eine stabile, robuste Situation zwischen Menschen, die gemeinsam leben, arbeiten bzw. ein Ziel erreichen wollen. Gerade weil in der alltäglichen Praxis und im gewöhnlichen Leben viele Fehler passieren, braucht es Vertrauen, damit Beziehungen funktionsfähig bleiben. Vertrauen ist darum auch ein enormer Komplexitätsdämpfer.

Werkzeug: Im Management – und natürlich auch im Projektmanagement – werden Werkzeuge zur Strukturierung von Diskussionen, zur Aufbereitung von Themen, zur Entscheidungsvorbereitung, zur Planung und zur Umsetzung eingesetzt. Management ist zu einem erheblichen Anteil Handwerk.

Wettbewerbsfähigkeit: Wettbewerbsfähigkeit beschreibt die Kraft einer Organisation oder einer Person, unter Konkurrenzverhältnissen zu bestehen. Kompetentes Projektmanagement ist ein Hebel für Wettbewerbsfähigkeit, weil es die Umsetzungsfähigkeit neuer, großer und wichtiger Themen sicherstellt.

Ziel: Ein Ziel ist ein vorweggenommenes Resultat. Jedes Entscheiden, Planen, Umsetzen und Steuern setzt Ziele voraus, weil nur dadurch die Aktivitäten in die richtige Richtung gelenkt werden können.

Zielvereinbarung: Mittels Zielvereinbarung wird sichergestellt, dass Ziele einer Organisation zu Zielen der einzelnen Person werden. Dies erfordert Klarheit (SMART), ein entsprechendes Vereinbarungsprozedere und Zielcontrolling. Zielvereinbarungen sind die Voraussetzung für Selbststeuerung. Projekte, Teilprojekte bzw. Schlüsselmaßnahmen sollten in der Zielvereinbarung enthalten sein, weil nur so die Chance auf Umsetzung besteht und keine Interessenskonflikte entstehen.

Literaturverzeichnis

Ahuja, G./Katila, R., Technological Acquisitions and the Innovation Performance of Acquiring Firms, in: Strategic Management Journal, 22/2001.

Al-Ani, A., Continuous Improvement als Ergänzung des Business Reengineering, in: zfo, 65/1996.

Albers, S./Gassmann, O. (Hrsg.), Handbuch Technologie- und Innovationsmanagement, Wiesbaden 2005.

Amerlingmeyer, J./Harland, P., Technologiemanagement und Marketing, Wiesbaden 2005.

Ansoff, I., Corporate Strategy, New York 1965.

Backhaus, K. et al., Kundenbindung im Industriegütermarketing, in: *Bruhn, M./Homburg, C. (Hrsg.)*, Handbuch Kundenbindungsmanagement, Wiesbaden 2005.

Baldoni, J., Steady as you go: Achieving a balanced vision, in: Harvard management update, 8/2006.

Becker, J., Prozessmanagement, Berlin 2003.

Beer, S., Diagnosing the system for organizations, Chichester 1985.

Bellmann, K./Haritz, A., Innovationen in Netzwerken, in: *Blecker, T./Gemünden, H. (Hrsg.)*, Innovatives Produktions- und Technologiemanagement, Berlin 2001.

Bieger, T., Dienstleistungsmanagement, Bern 2002.

Blecker, T./Gemünden, H. (Hrsg.), Innovatives Produktions- und Technologiemanagement, Berlin 2001.

Briner, M. et al., Project Leadership, Cambridge 2001.

Brockhoff, K., Problems of Evaluating R&D Projects as Real Options, in: *Frenkel, M. et al. (Hrsg.)*, Risk Management, Berlin 2000.

Bruce, A., Projekt-Management. Kommunikation, Qualitätskontrolle, Termine, Budgets, Entscheiden, Finanzen, Realisieren, Koordination, Planung, Teams, London 2001.

Bruch, H./Lawa, D./Steinle, C. (Hrsg.), Projektmanagement – Instrument moderner Dienstleistung, Frankfurt/Main 1995.

Bruhn, M./Homburg, C. (Hrsg.), Handbuch Kundenbindungsmanagement, Wiesbaden 2005.

Bryce, D. et al, Strategies to crack well guarded markets, in: HBM, 5/2007.

Büchel, B. et al., Erfolgsfaktoren von Innovationsteams, in: zfbf, 58/2006.

Burghardt, M., Projektmanagement – Leitfaden für die Planung, Überwachung und Steuerung von Entwicklungsprojekten, Berlin-München 1993.

Burns, T./Stalker, G., The Management of Innovation, London 1961.

Buzzell, R./Gale, B., Das PIMS Programm, Wiesbaden 1989.

Cassiman, B et al., The Impact of M&A on the R&D Process, in: Research Policy, 34/2005.

Chicken, J./Posner, T., The Philosophy of Risk, London 1998.

Cleland, D., Project Management   Strategic Design and Implementation, New York 1994.

Corboy, M./O'Corrbui, D., The seven deadly sins of strategy, Management Accounting, Nov. 1999.

d'Herbemont, O./Cesar, B., Manging Sensitive Projects, New York 1998.

Dammer, H. et al., Qualitätsdimensionen des Multiprojektmanagements, in: zfo, 3/2006.

Davenport, T., The dark side of customer analytics, in: Harvard business review, 5/2007.

Davis, S., Managing corporate culture, Cambridge 1999.

Dinter, S., Netzwerke, Marburg 2001.

Dobni, D., Creating a strategy implementation environment, Business horizons, 3/2003.

Doppler, K./Lautenburg, C., Change management, Frankfurt 2000.

Drucker, P., Die ideale Führungskraft. Die hohe Schule des Managers, Düsseldorf 1995.
Drucker, P., Die Zukunft managen, Düsseldorf 1992.
Drucker, P., Innovation and Entrepreneurship, Oxford 2004.
Drucker, P., Managing the Non-Profit Organization, New York 1990.
Drucker, P., Sinnvoll wirtschaften. Notwendigkeit und Kunst, die Zukunft zu meistern, Düsseldorf 1997.
Drucker, P., The Age of Discontinuity, New York 1969.
Drucker, P., The Practice of Management, New York 1955.

Ehrl-Gruber, B./Süss, G., Praxishandbuch Projektmanagement, Augsburg 1996.
Ernst, H./Soll, H., An Integrated Portfolio Approach to Support Market-Oriented R&D Planning, in: International Journal of Technology Management, 26/2003.
Ernst, H., Success Factors of New Product Development, in: International Journal of Management Reviews, 4/2002.
Eschenbach, R., Strategische Konzepte, Stuttgart 2003.
European Foundation for Quality Management, The EFQM Excellence Model, Brüssel 1999.

Fangel, M., Best Practice in Project Start-Up, in: Proceedings 14th World Congress on Project Management, IPMA, 1998.
Fisch, R., Projektgruppen in Organisationen, Göttingen 2001.
Fleming, Q./Koppelman, J., Earned Value Project Management, Upper Darby 1996.
Flood, P., Managing strategy implementation, Oxford 2000.
Frei, U., Prozessmanagement als Optimierungs- und Frühwarnsystem, in: io management, 5/2001.
Frenkel, M. et al. (Hrsg.), Risk Management, Berlin 2000.

Gaitanides, M., Business Reengineering/Prozessmanagement - von der Managementtechnik zur Theorie der Unternehmung, in: Die Betriebswirtschaft, 58/1998.
Gaitanides, M., Prozessorganisation. Entwicklung, Ansätze und Programme prozessorientierter Organisationsentwicklung, München 1983.
Gälweiler, A., Strategische Unternehmensführung, Frankfurt, 2005.
Gareis, R. (Hrsg.), Projektmanagement im Maschinen- und Anlagenbau, Wien 1991.
Gareis, R., Programm-Management und Projektportfolio-Management, in: *Deutsche Gesellschaft für Projektmanagement (Hrsg.)*, Projekt Management 1/2001, Köln 2001.
Gareis, R., Projekte und Projektmanagement in NPO`s, in: *Badelt, C. (Hrsg.)*, Handbuch der Nonprofit Organisationen, Stuttgart 1997.
Gassmann, O. et al., Open innovation, in: ZFO, 3/2006.
Gebauer, H. et al., Servicestrategien für die Industrie, in: HBM, 5/2006.
Gerpott, T., Erfolgsfaktoren von industriellen Neuprodukt-Entwicklungsprojekten, in: *Amerlingmeyer, J./Harland, P.*, Technologiemanagement und Marketing, Wiesbaden 2005.
Gerpott, T., Prognose des Markterfolgs von Produktinnovationen, in: *Albers, S./Gassmann, O. (Hrsg.)*, Handbuch Technologie- und Innovationsmanagement, Wiesbaden 2005.
Gibbs-Springer, C., Keys to strategy implementation, PA Times, Sept. 2005.
Greiner, L, Patterns of organization change, in: Harvard Business Review, 50/1967.
Grün, O., Das Management von Grossprojekten, in: zfo, 6/2004.
Gutenberg, E., Grundlagen der Betriebswirtschaftslehre, Teil 1, Die Produktion, Berlin/Heidelberg/New York 1976.

Hahn, D., Controllingkonzepte. Planung und Kontrolle, Planungs- und Kontrollsysteme, Planungs- und Kontrollrechnung, Wiesbaden 2001.
Hamel, G./Prahalad C., The core competence and the corporation, in: Harvard Business Review, 68/1990.
Hamel, G., Bringing silicon valley inside, in: Harvard Business Review 77/1999.
Hansel, J./Lomnitz, G., Projektleiter-Praxis, Berlin 2000.

Heintel, P./Krainz, E., Projektmanagement, Wiesbaden 1994.

Hemmrich, A./Harrant, H., Projektmanagement, München-Wien 2002.

Herstatt, C./Lettl, C., Management of Technology Push Development Projects, in: International Journal of Technology Management, 27/2004.

Herstatt, C./Verworn, B. (Hrsg.), Management der frühen Innovationsphasen, Wiesbaden 2003.

Hinterhuber, H,. et al., Kundenzufriedenheit durch Kernkompetenzen, München 1997.

Hinterhuber, H., Strategische Unternehmensführung, Bände 1 und 2, Berlin 2004.

Homburg, C./Rudolph, B., Wie zufrieden sind Ihre Kunden tatsächlich?, in: Harvard Business Manager, 1/1995.

Hommel, U./Lehmann, H., Die Bewertung von Investitionsprojekten mit dem Realoptionenansatz, in: *Hommel, U. et al. (Hrsg.)*, Realoptionen in der Unternehmenspraxis, Berlin 2001.

Hübner, H., Integratives Innovationsmanagement – Nachhaltigkeit als Herausforderung für ganzheitliche Erneuerungsprozesse, Berlin 2002.

Kaplan, R./Cooper, R., Cost and effect. Using integrated cost systems to drive profitability and performance, Boston 1997.

Kaplan, R./Norton, D., Strategien (endlich) umsetzen, Harvard Business Manager, 01/2006.

Karuppusami, G./Gandhinatham, R., Pareto analysis of critical success factors of total quality management, in: The TQM magazine, 18/2006.

Kellner, H., Kreativität im Projekt, München-Wien 2002.

Kerzner, H., Project Management – A Systems Approach to Planning, Scheduling and Controlling, New York 2001.

Kessler, H./Winkelhofer, G., Projektmanagement, Berlin 2002.

Kleiner, A., Our ten most enuring ideas, in: Strategy and business, 41/2007.

Klose, B., Projektabwicklung, Wien 2003.

Kotler, P. et al., Grundlagen des Marketing, München 2003.

Kotter, J., Leading Change, Boston 1996.

Krause, F., et al., Innovationspotenziale in der Produktentstehung, in: Industrie Management, 17/2001.

Krüger, W. (Hrsg.), Excellence in Change, Wiesbaden 2000.

Kunow, I./Litke, H., Projektmanagement, Freiburg 2002.

Lange, D. (Hrsg.), Management von Projekten – Know-how aus der Beraterpraxis, Stuttgart 1995.

Langerack, F./Hultink, E., The Impact of New Product Development Acceleration Approaches on Speed and Profitability, in: IEEE Transactions on Engineering Management, 52/2005.

Lehner, J., Praxisorientiertes Projektmanagement: Grundlagenwissen an Fallbeispielen illustriert, Düsseldorf 2001.

Leist, R., Qualitätsmanagement – Methoden und Werkzeuge zur Planung und Sicherung der Qualität, Augsburg 1996.

Levasseur, R., People skills: change management tools - leading teams, in: Interfaces, 35/2005.

Litke, H., Projektmanagement, München 2002.

Loftus, J. (Hrsg.), Project Management of Multiple Projects and Contracts, London 1999.

Longman, A./Mullins, J., Project management: key tool for implementing strategy, in: Journal of business stategy, 25/2004.

Luhmann, N., Soziale Systeme, Frankfurt 1984.

Malik, F., Führen, Leisten, Leben, Frankfurt 2006.

Malik, F., Gefährliche Managementwörter, Frankfurt 2005.

Malik, F., malik on management m.o.m.®-letter, Nr. 1995/02, Organisieren.

Malik, F., malik on management m.o.m.® letter, Nr. 1997/10, Management Aufgaben und Management-Werkzeuge.

Malik, F., Management Perspektiven, Bern-Stuttgart-Wien 1994.

Malik, F., Management. Das A und O des Handwerks, Frankfurt 2007.

Malik, F., Strategie des Managements komplexer Systeme, Bern-Stuttgart-Wien 1996.

Malik, F., Systemisches Management, Evolution, Selbstorganisation, Bern-Stuttgart-Wien 1993.

Malik, F., Unternehmenspolitik, Frankfurt 2008.

Mantel, S./Meredith, J., Project Management – A Managerial Approach, New York 2000.

Mitchell, D., Strategy implementation gets another building block, in: Journal of business strategy, 25/2004.

Müller-Stewens, G./Lechner, C., Strategisches Management, Stuttgart 2003.

Neilson, G. et al., Die vier Bausteine erfolgreicher Umsetzung, in: HBM, 9/2008

Neubauer, M., Krisenmanagement in Projekten, Berlin 1999.

Nippa, M./Scharfenberg, H. (Hrsg.), Implementierungsmanagement. Über die Kunst, Reengineeringkonzepte erfolgreich umzusetzen, Wiesbaden 1997.

Noll, P./Bachmann, H., Der kleine Machiavelli, Zürich-München 1998.

Olson, E., The importance of structure and process to strategy implementation, in: Business horizons, 48/2005.

Oxley, J./Sampson, R., The Scope and Governance of International R&D Alliances, in: Strategic Management Journal, 25/2004.

Patzak, G./Rattay, G., Projektmanagement – Leitfaden zum Management von Projekten, Projektportfolios und projektorientierten Unternehmen, Wien 1997.

Perl, E., Grundlagen des Innovations- und Technologiemanagements, in: *Strebel, H.*, Innovations- und Technologiemanagement, Wien 2003.

Peters, T., Projektmanagement, Düsseldorf 2001.

Peyrefitte, J. et al., A content analysis of mission statements, in: International journal of management, 2/2006.

Porter, M., Competitive Advantage, New York 1985.

Porter, M., Wettbewerb und Strategie, München 1999.

Prabhu, J. et al., The Impact of Acquisitions on Innovation, in: Journal of Marketing, 69/2005.

Probst, G./Raub, S./Romhardt, K., Wissen managen - Wie Unternehmen ihre wertvollste Ressource optimal nutzen, Wiesbaden 1997.

Qi, H., Strategy implementation, in: mir 45/2005.

Raps, A., Strategy implementation - an insurmountable obstacle?, Handbook of business strategy, 2005.

Rigby, D./Bilodeau, B., The Bain 2005 management tool survey, in: Strategy and leadership, 33/2005.

Salavou, H., The Concept of Innovativeness, in: European Journal of Innovation Management, 7/2004.

Schmeisser, W./Krimphove, D. (Hrsg.), Vom Gründungsmanagement zum Neuen Markt, Wiesbaden 2001.

Schmeisser, W. et al., Forschungs- und Technologiecontrolling, Stuttgart 2006.

Schulte-Zurhausen, M., Organisation, München 2002.

Schumpeter, J., Business Cycles – A Theoretical, Historical and Statistical Analysis of the Capitalist Process, New York 1939.

Schwaninger, M. et. al., Systemisches Projektmanagement, in: zfo, 2/2003.

Seghezzi, H., Integriertes Qualitätsmanagement, München/Wien 1996.

Sharma, A./Lacey, N., Linking Product Development Outcomes to Market Valuation of the Firm, in: Journal of Product Innovation Management, 21/2004.

Siegwart, H./Kloss, U., Erfassung und Verrechnung von Forschungs- und Entwicklungskosten, Bern 1984.

Siegwart, H., Produktentwicklung in der industriellen Unternehmung, Bern 1974.

Sirkin, H., The hard side of change management, Harvard Business Review, Oct. 2005.

Spath, D., et al. (Hrsg.), Integriertes Innovationsmanagement, Stuttgart 2003.

Springer, R., Wettbewerbsfähigkeit durch Innovationen, Berlin 2004.

Stadelmann, M./Lux, W., Alles nur neu verpackt?, in: io management, 12/2000.

Sterling, J., Translating strategy into effective implementation, in: Strategy and leadership, 31/2003.

Stöger, R., Der After Crisis Workshop, in: zfo 2/2010.

Stöger, R., Die Funktionalstrategie: Stiefkind des strategischen Managements?, in: Organisationsentwicklung, 3/2009.

Stöger, R., Krisen zur Neuorientierung nutzen, in: Harvard Business Manager, 10/2009.

Stöger, R., Prozessmanagement, Stuttgart 2009.

Stöger, R., Sieben Faktoren des Strategieerfolgs, in: absatzwirtschaft, 6/2007

Stöger, R., Strategieentwicklung für die Praxis, Stuttgart 2010.

Stöger, R., Strategiekompetenz heisst Methodenkompetenz, in: GDI-Impuls, 2/2008.

Stöger, R./Salcher, M., NPOs erfolgreich führen, Stuttgart 2006.

Suarez, F./Lanzolla, G., The Half-Truth of First-Mover Advantage, in: Harvard Business Review, 83/2005.

Thommen, J., Allgemeine Betriebswirtschaftslehre, Zürich 1991.

Turner, J. (Hrsg.), The Commercial Project Manager, London 1995.

Turner, J./Simister, S. (Hrsg.), Gower Handbook of Project Management, Aldershot 2000.

Turner, R./Keegan, A., Processes for Operational Control in the Project-based Organization, Paris 2000.

Ulrich, H., Gesammelte Schriften, Bände 1 bis 5, Bern-Stuttgart-Wien 2001.

Vahls, D./Burmester, R., Innovationsmanagement, Stuttgart 2005.

Van Onna, M., Progress in Changing Environments, in: Proceedings pm, 1998.

Vizjak A./Ringlstetter M. (Hrsg.), Medienmanagement, Wiesbaden 2001.

von Rosenstiel, L., et al., Führung von Mitarbeitern, Stuttgart 2003.

Warwood, S./Roberts, P., A survey of TQM success factors in the UK, in: Total quality management, 15/2004.

Weiss, C., Professionell dokumentieren, Basel 2000.

Wirtz, B. et al., Der Ressourcen-Fit bei M&A-Transaktionen, in: dbw, 66/2006.

Wu, W., A study of strategy implementation as expressed through Sun Tzu's principles of war, in: Industrial management & data systems, 5/2004.

Stichwortverzeichnis

Zielgerichtet.

Stöger
Strategieentwicklung für die Praxis
Kunde – Leistung – Ergebnis
2., überarb. und erw. Auflage 2010.
350 S., 13 s/w Abb. Geb. € 39,95
ISBN 978-3-7910-2890-3

„… eine Pflichtlektüre für alle, die Resultate erzielen wollen."

Peter Alexander Wacker, Vorsitzender des
Aufsichtsrats, Wacker Chemie AG

Stöger/Salcher
NPOs erfolgreich führen
Handbuch für Nonprofit-Organisationen in
Deutschland, Österreich und der Schweiz
2006. 235 S., 4 s/w Abb., 25 Arbeitsformulare,
12 Tab. Geb. € 39,95
ISBN 978-3-7910-2537-7

*„Ein praktischer Leitfaden für jeden
NPO-Manager …"*

Burkhard Gnäring, Geschäftsführer,
International Save the Children Alliance

SCHÄFFER
POESCHEL

www.schaeffer-poeschel.de

Zukunftsorientiert.